PRINCIPLE ANALYSIS FOR AMMUNITION FEEDING AND REPLENISHMENT TECHNOLOGY OF FOREIGN SMALL CALIBER AUTOMATIC CANNON

国外小口径自动机供补弹技术原理解析

丁传俊 任 燕 邓琴江 高 焓 编著

北京理工大学出版社
BEIJING INSTITUTE OF TECHNOLOGY PRESS

内容简介

本书基于作者所收集到的当代欧美小口径自动炮供补弹装置技术专利整理而成，其内容较为全面地反映了国外军工企业供补弹技术的发展现状与技术路线。

全书共分7章，前4章分析了四类典型的无链供弹技术原理，第5、6章分析了有链供弹技术原理和快速补弹技术原理，第7章对无链供弹和有链供弹的导引技术进行了分析。除了简要地介绍各种技术原理的结构组成以外，各章节还探讨了该项技术原理所要解决的主要问题、内在关键技术、优缺点和应用场景。

本书可供从事常规自动炮分系统研发的设计人员参考，也可作为高等院校常规兵器类专业师生的教学补充材料。

图书在版编目(CIP)数据

国外小口径自动机供补弹技术原理解析／丁传俊等编著. -- 北京：北京理工大学出版社，2022.7

ISBN 978-7-5763-1573-8

Ⅰ. ①国… Ⅱ. ①丁… Ⅲ. ①自动炮-研究 Ⅳ. ①TJ399

中国版本图书馆CIP数据核字(2022)第156088号

出版发行／北京理工大学出版社有限责任公司
社　　址／北京市海淀区中关村南大街5号
邮　　编／100081
电　　话／(010) 68914775（总编室）
　　　　　(010) 82562903（教材售后服务热线）
　　　　　(010) 68944723（其他图书服务热线）
网　　址／http://www.bitpress.com.cn
经　　销／全国各地新华书店
印　　刷／保定市中画美凯印刷有限公司
开　　本／787毫米×1092毫米　1/16
印　　张／10.25
字　　数／238千字
版　　次／2022年7月第1版　2022年7月第1次印刷
定　　价／58.00元

责任编辑／王梦春
文案编辑／闫小惠
责任校对／周瑞红
责任印制／李志强

前　言

对于小口径自动机来说，供弹是指炮弹从独立作战单元的弹药存储装置，经过供弹刚、软导引等传输接口，有序地进入火炮自动机的进弹口；补弹是指炮弹从输送载体的大容量弹药存储装置，经过输弹刚、软导引等传输接口，有序地进入独立作战单元的弹药存储装置。一般情况下，完整的供弹系统主要由存储装置、中间传输装置、接口装置、驱动装置、传感器与控制器等零部件组成。按照是否使用弹链，供弹系统可以分为有链供弹和无链供弹；按照存储装置形状，供弹系统可以分为箱式供弹和鼓式供弹。中间传输装置主要起过渡通道作用，负责将存储装置和接口装置连接起来；接口装置用于和自动机对接，将炮弹连续不断地输送出供弹系统。供弹系统可在上述3个执行组件上设置补弹口，以此为供弹系统补充新的炮弹。供弹系统的驱动动力既可以来自自动机，也可以来自独立的驱动装置，如电机、液压马达和弹簧马达等。传感器与控制器是供弹系统中必不可少的部分，主要用于供弹系统的实时监测和主动控制。

本书所分析的国外小口径自动机供补弹技术主要涉及口径为20～40 mm，能满足快速、连续射击（补充）的供补弹技术。这些供补弹装置在结构和工作原理上有着较大的创新，体现出欧美军工企业高超的技术水平。研究这些供补弹装置的结构和工作原理，可以使读者更为全面地了解该领域的发展现状，从而更好地胜任相关军品的研发工作。

按照执行组件划分章节之后，本书重点分析了这些供补弹装置所要解决的问题、内在关键技术、优势和劣势以及适用环境。本书作为作者多年来从事供补弹装置研发工作的研究成果，力求反映当代国外供补弹技术的发展现状，不仅可以作为从事自动炮设计的研发人员的重要参考，也可以作为高等工科院校火炮与自动武器及相关专业师生的参考书籍。

本书的前4章由丁传俊完成，第5章由邓琴江执笔，第6章由任燕执笔，第7章由高焓编写。本书的撰写得到了特种装备研究所龙健、姜铁牛、杨勇、苏晓鹏、尹强、何修伟等人的大力支持和帮助；出版过程中还得到了公司领导王方龙、沈磊等人的鼓励和支持，在此感谢他们。由于能力和视野有限，书中存在不足之处，恳请读者和专家们批评指正。

目　录

第 1 章

基于链传动的箱式无链供弹技术原理

基于链传动的箱式无链供弹弹箱，主要使用基于工业级滚子链的链条和链轮作为输送载体，配合推弹杆（弹托）、导引、拨弹轮和箱板等零部件形成弹箱。和有链供弹相比，箱式无链供弹无须压弹和脱链，便于自动化和无人化操控，是目前欧美军工企业的重点发展方向。

受启动、制动条件和链传动本身的传动特性等因素的制约，一般情况下基于链传动的单个无链供弹弹箱载弹量小于200发，供弹速度在2 000发/分以下。总之，基于链传动的无链供弹弹箱可靠性高、勤务性好、易于控制，但也存在着射击启动和停射制动时惯量较大、弹箱整体重量较重等问题。

本章主要讲解几种典型箱式无链供弹技术的结构组成、启停策略和相关改进，这些典型弹箱的结构和启停策略代表着目前无链供弹技术的发展方向。对无链供弹进行改进的主要目标是增大存储密度、降低运动惯量，进而减少启停过程时间，但这些改进本质上并未改变供弹装置底层的链传动技术。

1.1 舰载双管舰炮的箱式无链供弹技术

Stanton 等[1]论述了一种舰载双管高炮的无链供弹系统结构组成和控制原理。如图 1-1 和图 1-2 所示，炮塔内的供弹系统包含左右弹箱、左右补弹接口、左右排弹接口、动力装置、相关传感器和控制电路等装置。整个供弹系统采用外部能源驱动，配合控制电路和传感器，形成一款结构紧凑、功能齐全、操作便捷的供弹系统。

解决问题：双管舰炮供弹系统的总体设计问题。

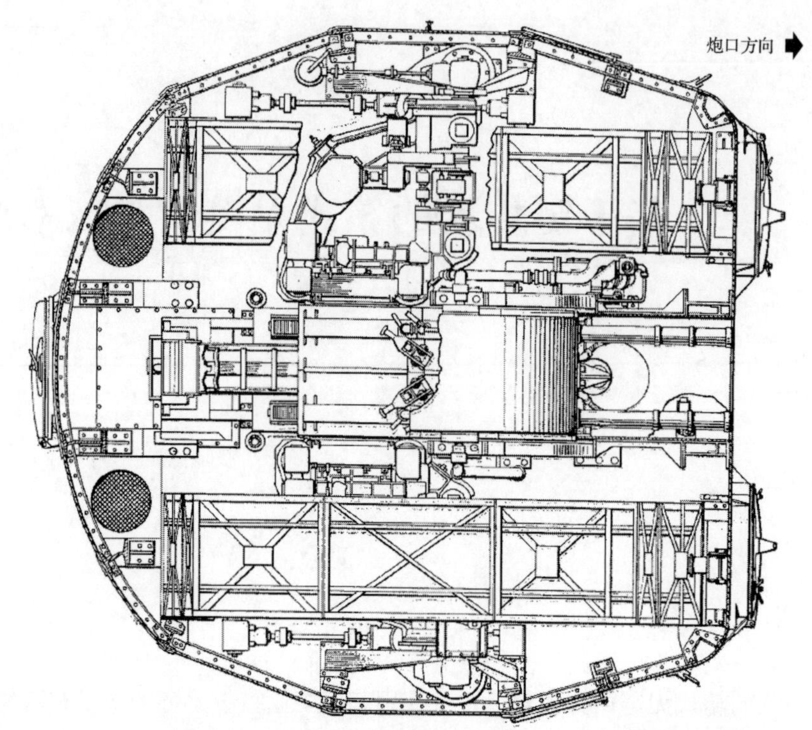

图 1－1　炮塔的俯视图（中间为双管炮，上、下方为无链供弹弹箱）

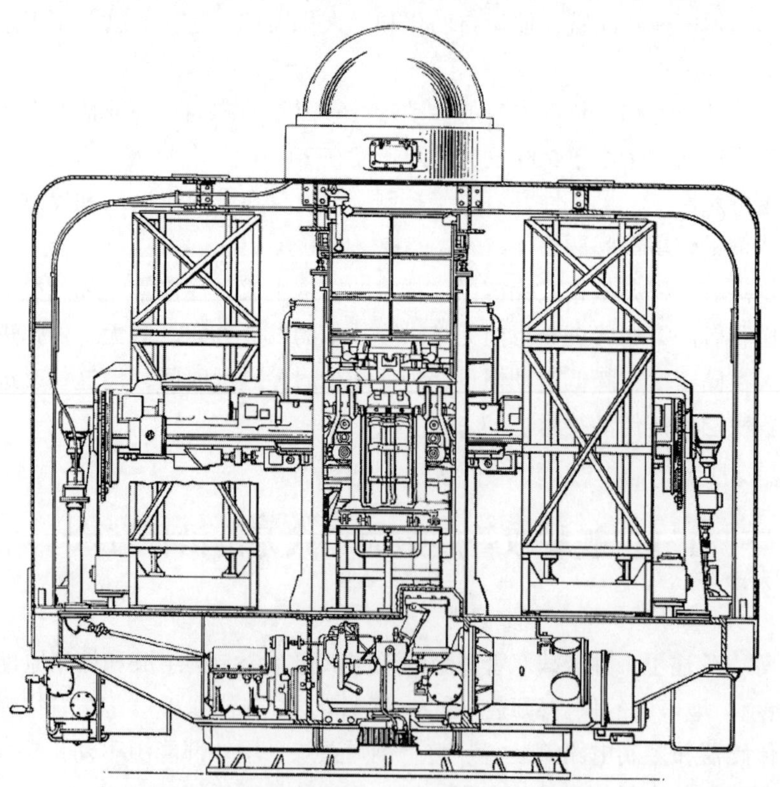

图 1－2　炮塔的后视图（中间为双管炮，两侧为无链供弹弹箱，上方为观测圆舱，下方为供弹动力装置及炮塔旋转驱动装置）

关键技术：①大容量无链供弹弹箱轻量化设计技术：如图1－3所示，弹箱侧板采用板条焊接而成，关键部位（如轴承安装座）都得到了一定程度的加强；②补、排弹接口技术：如图1－4和图1－5所示，弹箱前方拥有一个可以折叠收纳的补弹接口，补弹接口下方设计了用于将弹箱内炮弹清空的排弹接口，补弹接口和排弹接口处设计了可以和炮弹相接触的传感器，配合控制电路可实现快速补弹和排弹。

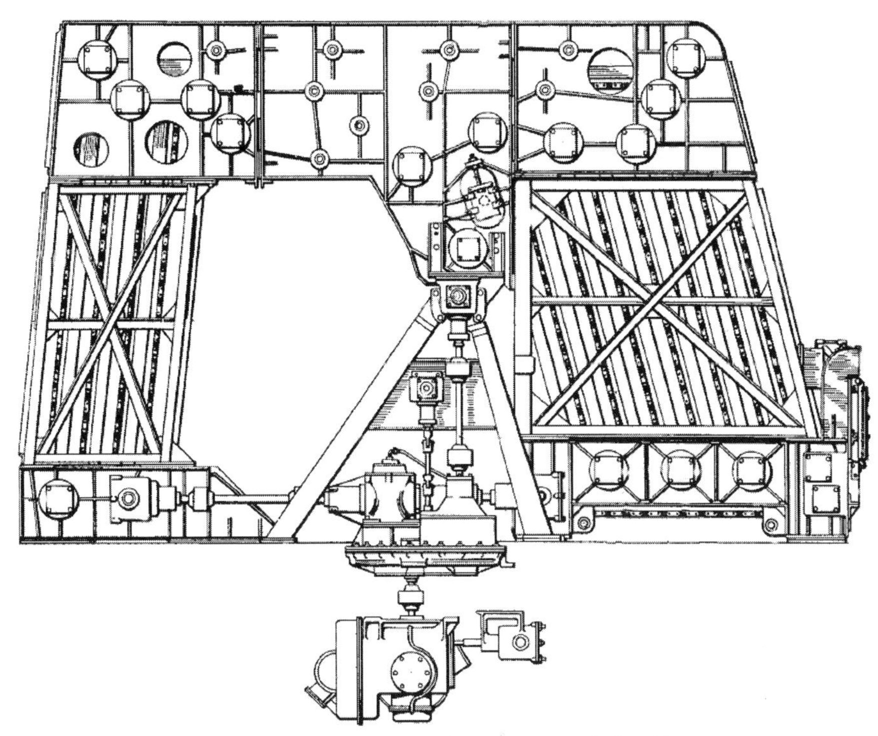

图1－3　轻量化弹箱的箱板结构及供弹动力装置

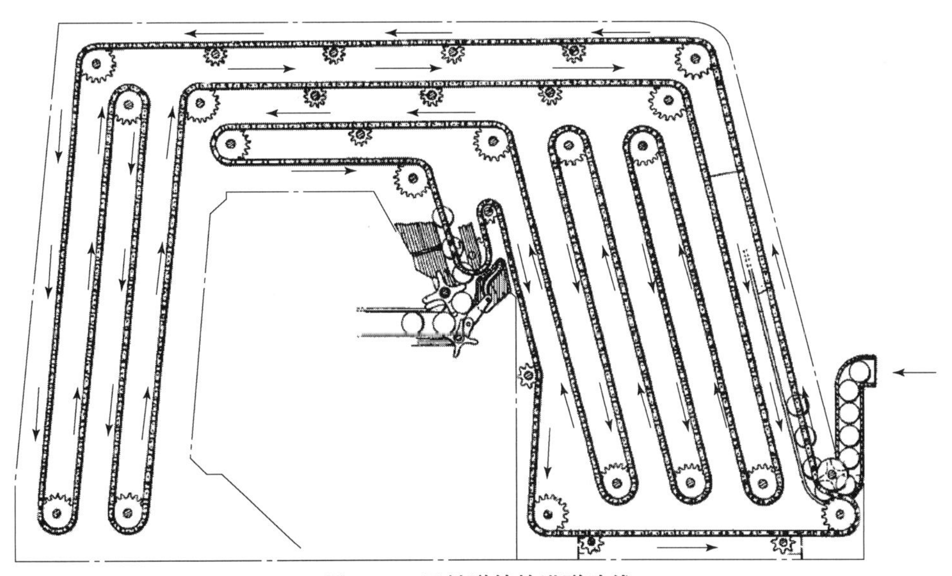

图1－4　无链弹箱的进弹路线

（补弹接口——弹箱进弹口——弹箱——弹箱出口——自动炮的进弹转运机构）

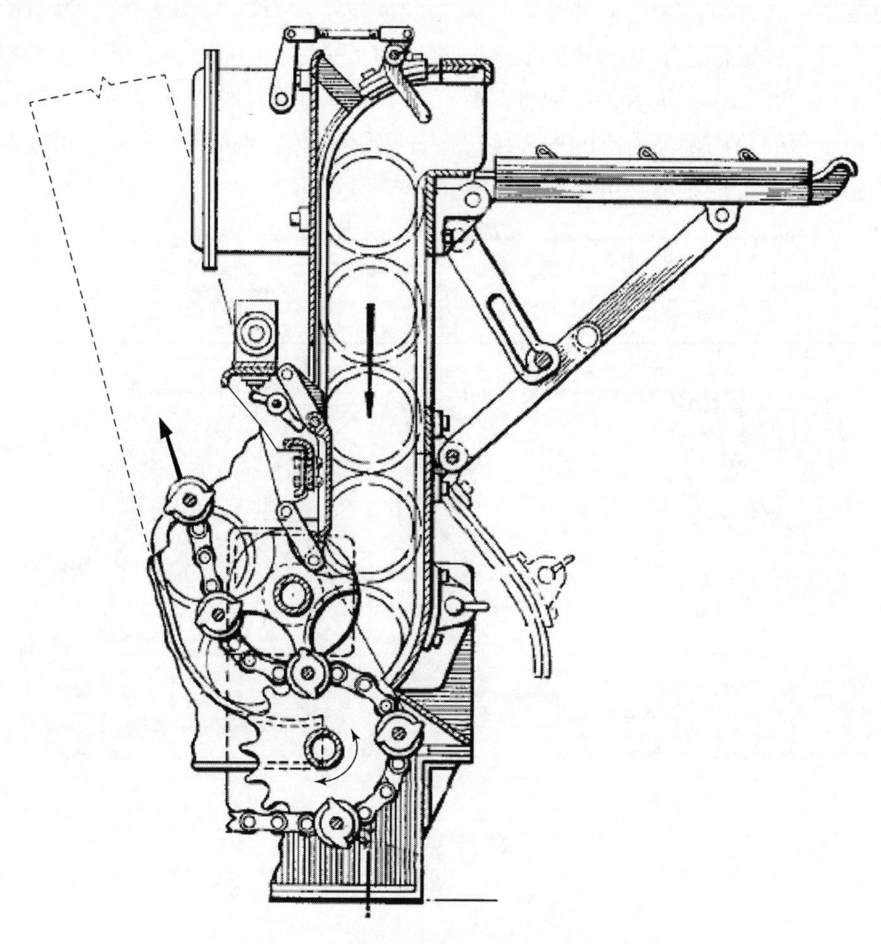

图 1－5 无链弹箱的补弹和排弹接口装置

优势及劣势：基于链传动的轻量化弹箱，拥有便捷的快速补弹和排弹接口。由于射击时弹箱内部整体保持同一运动速度，供弹系统的启动惯量和制动惯量较大。

适用环境：车载、舰载等平台的中、低射速火力系统。

1.2 基于转膛炮的箱式无链供弹技术

Samuel 等[2]介绍了一种固定在火炮后部，与火炮同俯仰和回转的随炮小型无链弹箱技术。如图 1－6 和图 1－7 所示，该无链供弹技术使用 3 套带有弹托的链条，和其他零部件装配后形成无链供弹弹箱。弹箱由电机、蜗杆、蜗轮和齿轮驱动。弹箱右后侧有一套气缸装置，配合齿轮齿条装置可以实现无链弹箱的快速启动。

解决问题：可根据弹箱内的弹数控制气缸的进气量，从而控制齿条的驱动速度，最终解决转膛炮供弹装置的快速启动问题。

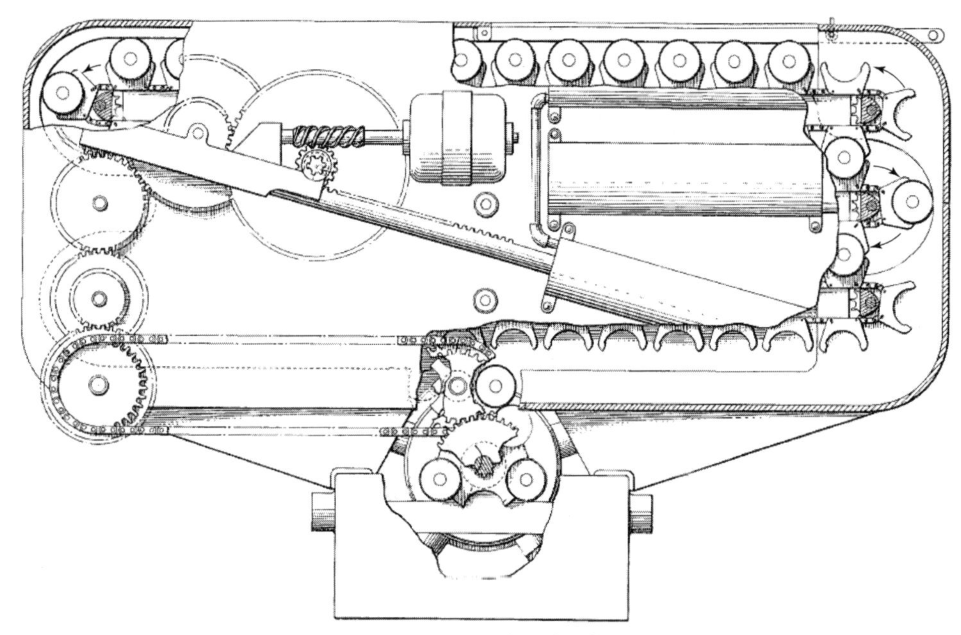

图1－6　供弹装置的后视图

（进弹路线：弹箱1号链条——弹箱2号链条——弹箱出口小号链条——自动炮进弹机的拨弹轮）

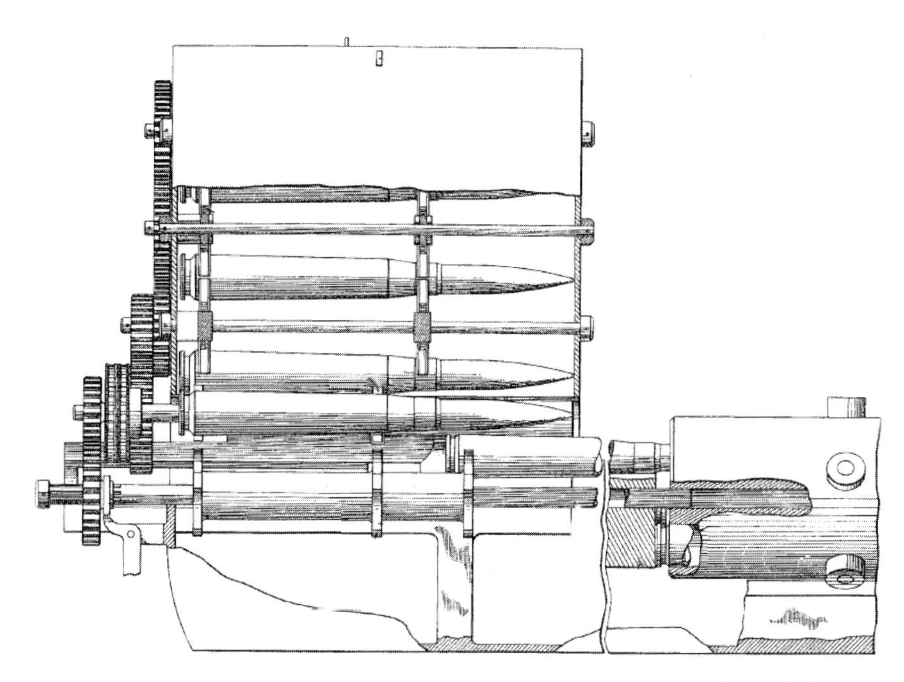

图1－7　供弹装置的侧视图（弹箱背后的齿轮是弹箱内部链条的驱动机构）

关键技术：①气动快速启动技术：基于气缸、齿轮和齿条等零部件的快速启动装置，在气缸充气时可以快速启动弹箱，以使转膛炮立即达到较高的射速；②一轴三状态技术：如图1－8所示，将传动轴拨动到3个位置中的某个位置，配合齿轮和花键轴，可以利用不同的动力源来驱动供弹弹箱。

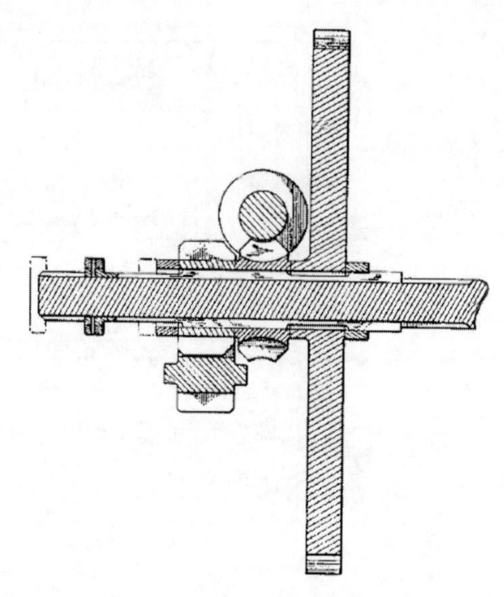

图 1-8　一轴三状态技术原理

(1. 传动轴在右边时，弹箱装弹；2. 传动轴在中间位置时，气缸充气实现弹箱的快速启动；3. 传动轴在左边时，自动炮转膛体的旋转可驱动整个供弹装置。)

优势及劣势：具备快速启动功能，可使自动炮快速达到预定射速；但是随炮弹箱作为一个变质量实体，随着射击过程的逐步进行会改变整个自动炮的平衡特性，因此弹箱容弹量不能超过预定数量。

适用环境：车载、舰载、机载火力系统。

1.3　阿帕奇武装直升机的双层箱式无链供弹技术

Golden 等[3-4]论述了阿帕奇武装直升机的高密度双层无链弹箱技术，其总体布局如图 1-9 和图 1-10 所示。弹箱通过使用三层链条和两层推杆（图 1-11），可以同时夹持两层炮弹；从图 1-12 和图 1-13 看出，通过在出口处设置驱动弹箱的行星齿轮，并使用凸轮轨道将两层炮弹汇合成一层炮弹（以下简称“二合一”技术），供弹系统可以将炮弹向传输导引输送。

解决问题：一般情况下，武装直升机要求航炮弹箱有较高的储弹量和较低的启动惯量；当前自动炮的最高射速约为 600 发/分，弹箱的容弹量为 1 200 发，使用该技术则可以显著缩短火力系统反应时间、改善零部件的受力状态。

关键技术：①双层弹箱的二合一出弹技术：通过设置行星齿轮装置和凸轮机构，使得两层炮弹在弹箱出口处汇合成一层炮弹，从而将供弹系统的动能降低到普通弹箱的 1/4 左右；②双层弹箱的高密度储弹技术：基于三层链条和两层推杆的无链供弹弹箱，具备很高的储存密度。

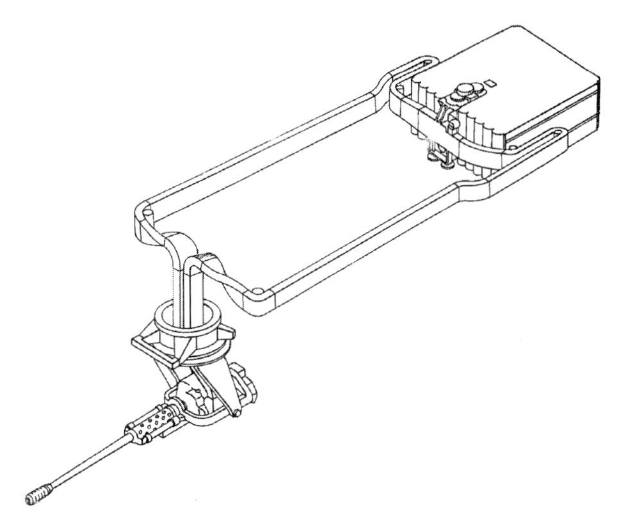

图1-9　呈对称形态的航炮供弹系统
（弹箱由电机驱动，采用二合一原理，启动惯量为普通弹箱的0.25倍）

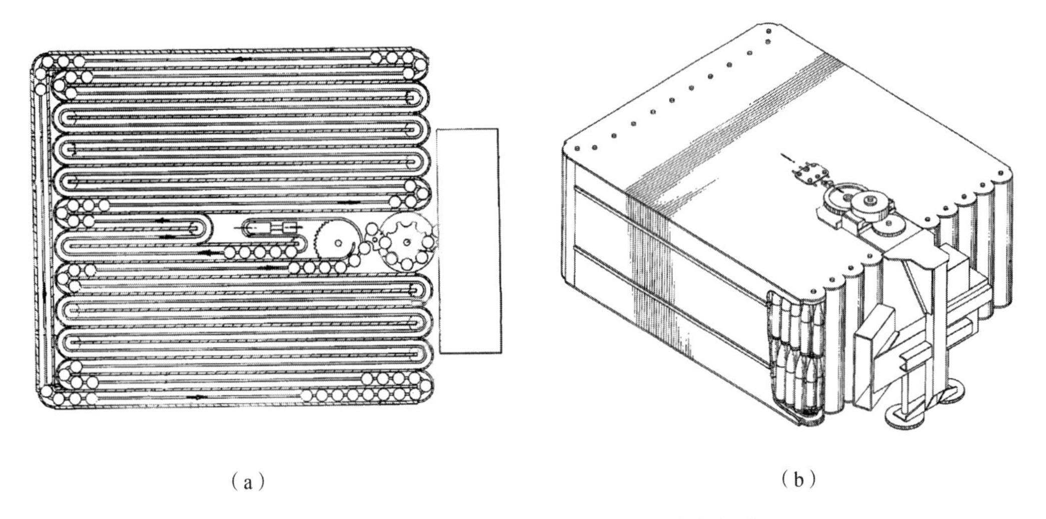

（a）　（b）

图1　10　大容量双层弹箱（中间带有链的张紧装置）
（a）俯视图；（b）轴测图

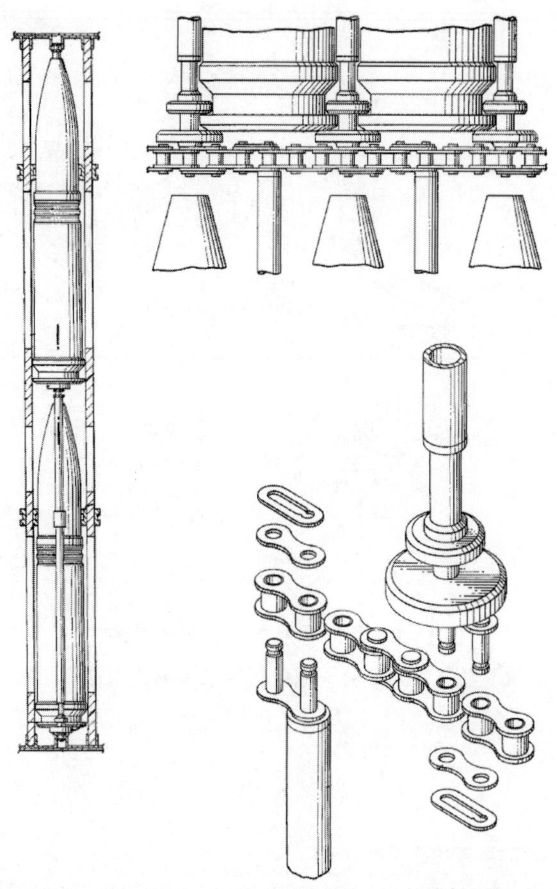

图1－11 双层弹箱内使用的链条和推杆（弹底部沟槽被推杆上的滚轮限制，弹头圆柱部被推杆和弹箱隔板上的凸起限制，供弹时炮弹只能在弹箱内部平动和相对转动，不能轴向移动）

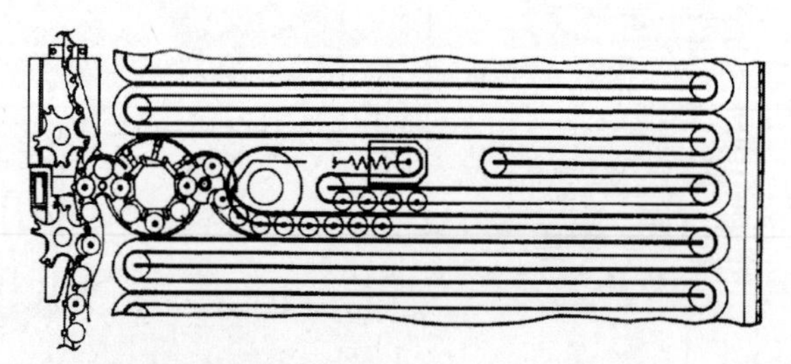

图1－12 弹箱的供弹路线（弹箱出口——二合一接口——传输导引）

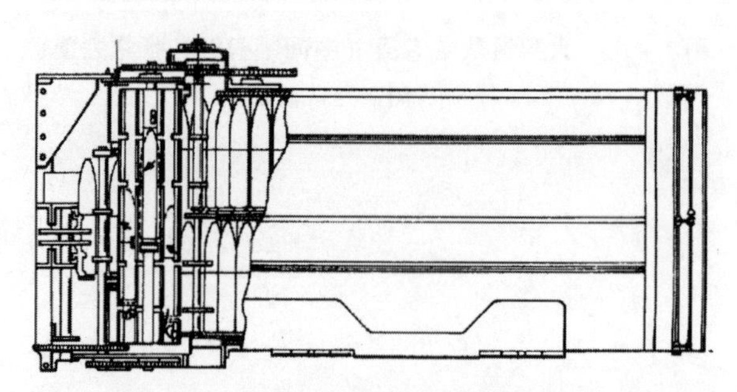

图1－13 基于行星齿轮和凸轮装置的二合一出弹口

优势及劣势：双层无链供弹弹箱存储密度高、启动惯量小，但也存在着 3 层链条制造和维护困难等问题。

适用环境：车载、舰载、机载火力系统。

1.4　基于变节距输送原理的双层箱式无链供弹技术

Aloi[5] 构思了另一种形式的双层弹箱二合一供弹技术。如图 1－14 和图 1－15 所示，该技术通过设置变节距活动链条和箱体上的固定凸轮轨道，将上、下两层炮弹汇合成一层炮弹，并通过导引接头向自动机输送。从图 1－16 可以看出，该弹箱使用箱体轨道内的凸筋限制弹底轴向窜动，使用箱体和轨道上的导条来限制弹的其他方向运动。

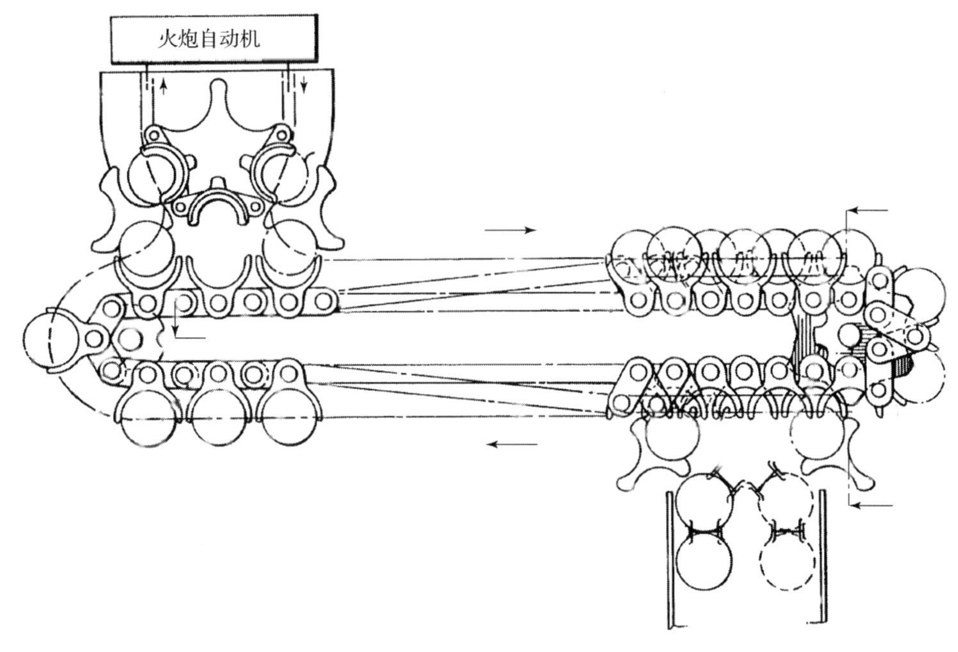

图 1－14　基于活动链条和凸轮轨道的二合一出弹装置（左上为自动机进弹口，中间为二合一装置，右下为双层弹箱出口）

解决问题：设计了一个变节距输弹装置将双层弹箱内的炮弹在出口处汇合成一层炮弹，使得双层弹箱能以一半的供弹速度向外供弹，降低了射击启停时的功耗需求。

关键技术：基于变节距活动链条与固定凸轮轨道的二合一出弹技术。

优势及劣势：该技术降低了弹箱内炮弹的运动速度，改善了弹箱内零部件的受力状态，同时也增大了弹箱内炮弹的存储密度；但是该二合一装置占据空间较大，且零部件数量较多；使用活动链条输送炮弹会降低炮弹运动轨迹的一致性，最终会增大供弹装置在出口交接时的故障率。

适用环境：车载、舰载、机载等使用大容量双层弹箱的火力系统。

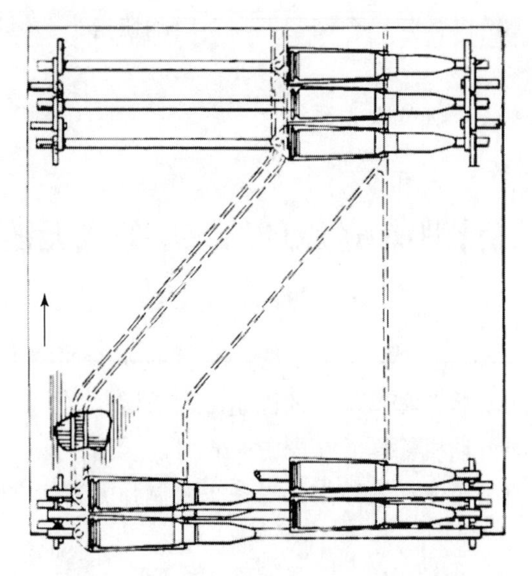

图 1-15 二合一出弹过程的运动原理

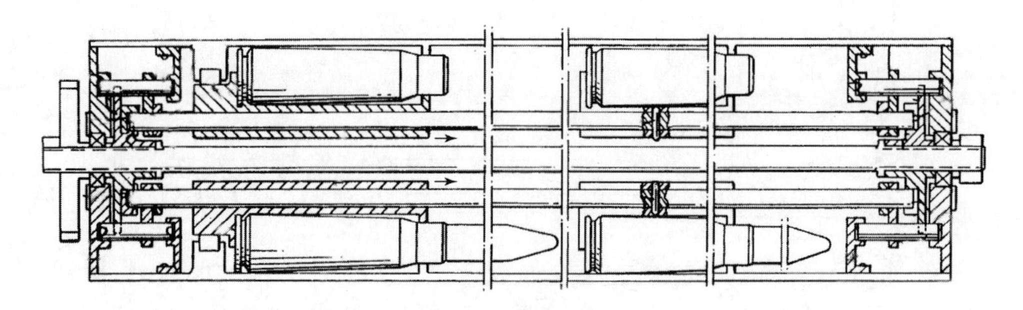

图 1-16 二合一出弹装置的内部构造

1.5 基于模块化弹箱的箱式无链供弹技术

Bender-Zanoni 等[6]构思了一种可回收弹壳的模块化无链供弹装置。如图 1-17～图 1-19 所示，将多个平行布置的模块化小弹箱插在一个带公共导引的供弹装置基座上，再通过电机、蜗轮和蜗杆等装置驱动整个模块化弹箱中的闭合弹带与公共导引中的闭合弹带，以此将炮弹传递到软导引和火炮自动机中，与此同时还将弹壳回收到软导引和供弹装置之中。

解决问题：①通过替换模块化弹箱，可以实现快速补弹；②当某个模块化弹箱发生故障时，可以将该模块化弹箱替换掉，从而提高供弹装置的整体可靠性。

关键技术：模块化弹箱及其动力接口技术，如图 1-20 所示，独立的模块化小弹箱需设计可靠的接口搭接和锁定装置，以有利于提高替换过程的便捷性和降低供弹装置整体的故障率。

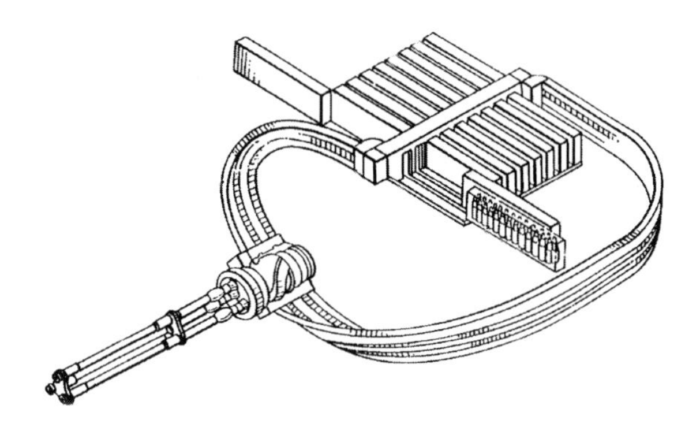

图1－17　基于模块化弹箱的无链供弹装置（基座上的电机驱动整个供弹装置同一速度运作，功耗较大）

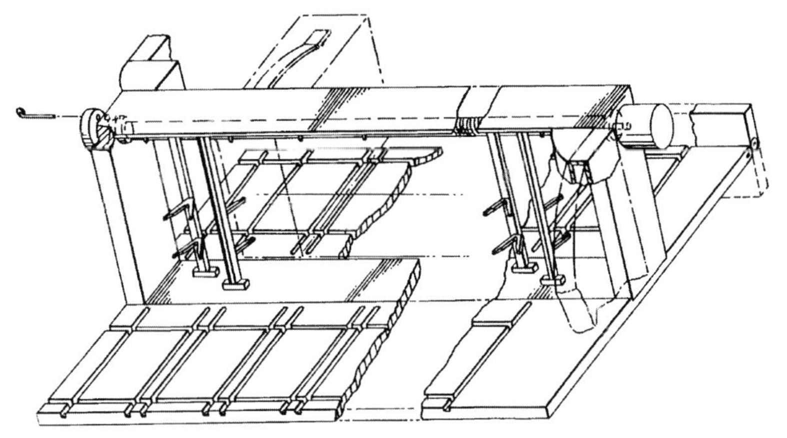

图1－18　模块化小型弹箱的安装基座

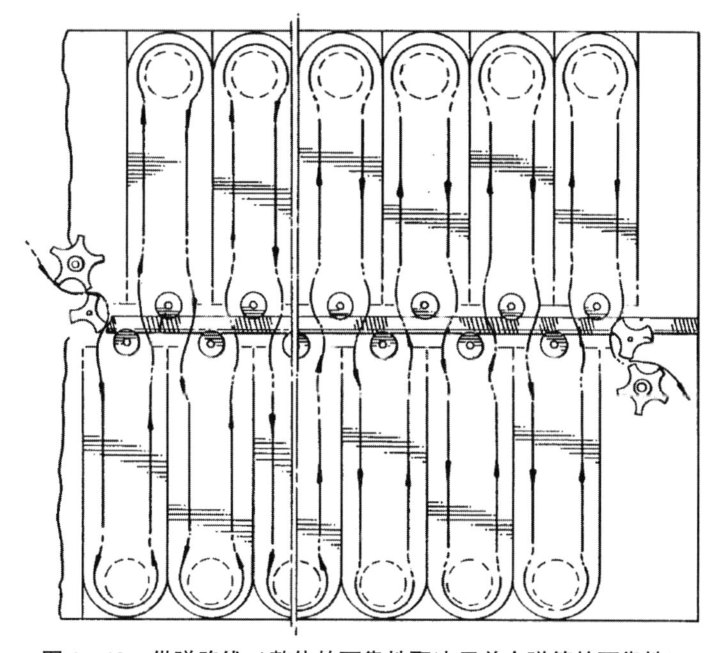

图1－19　供弹路线（整体的可靠性取决于单个弹箱的可靠性）

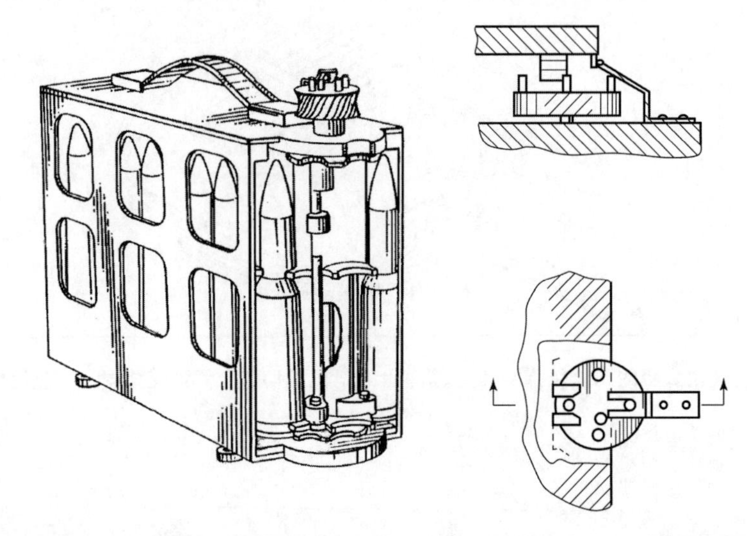

图 1-20 模块化小型弹箱及其接口装置（由于小弹箱链围较短，因此闭合弹带无须张紧）

优势及劣势：补弹时只需对准接口，并插上模块化弹箱即可实现补弹操作。但供弹时多个模块化弹箱通过公共接口装置串在一起形成回路，使得供弹装置启动和制动负载（惯量）较大。

适用环境：车载、舰载、机载等平台的高射速火力系统。

1.6 箱式无链供弹的杠杆式快速启动技术

针对弹箱满载启动时所需力矩远大于启动后所需要力矩的问题，Stoner[7] 构思了一种可快速启动的新型无链供弹弹箱。如图 1-21 和图 1-22 所示，通过设置一套杠杆装置，使其在供弹装置启动瞬时推送传动链条和活动链轮，最终使被推送端的链条获得 2 倍于其余部分链条的运动速度。

解决问题：无链供弹弹箱启动初期，驱动端链条拉扯力过大会导致链条拉断等问题，通过杠杆装置快速推送链条和链轮，可以大大缓解链条的受力情况，降低启动过程中的力矩需求。

关键技术：基于杠杆和活动链轮的快速启动技术，如图 1-23 所示，一副旋转杠杆搭配两个活动链轮，可在启动初期使传输链条伸出和撤回，并最终减小供弹装置的驱动力矩、提高供弹速度。

优势及劣势：有利于减少启动时间，使自动炮快速达到预定的射速；但增加一套杠杆和可伸缩链轮装置，有可能降低弹箱的供弹可靠性。

适用环境：车载、舰载平台的中等射速火力系统及机载平台的速射航炮火力系统。

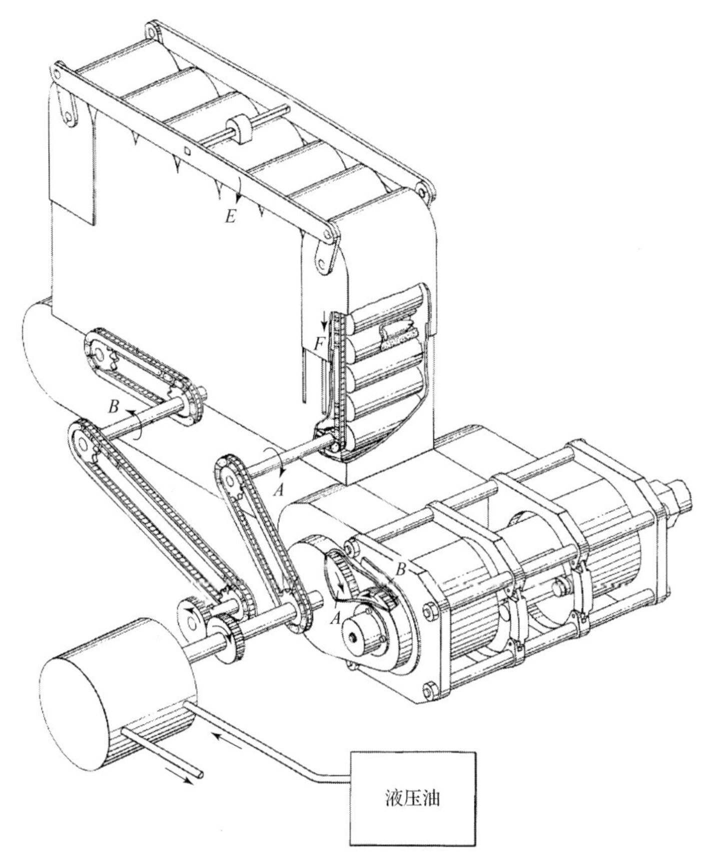

图 1-21　无链供弹弹箱和自动炮的相对位置

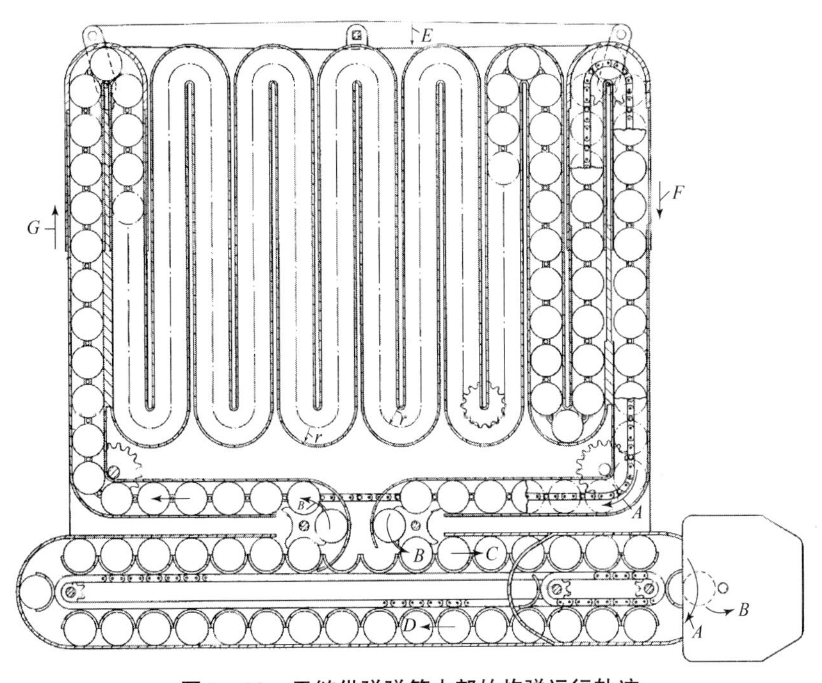

图 1-22　无链供弹弹箱内部的炮弹运行轨迹

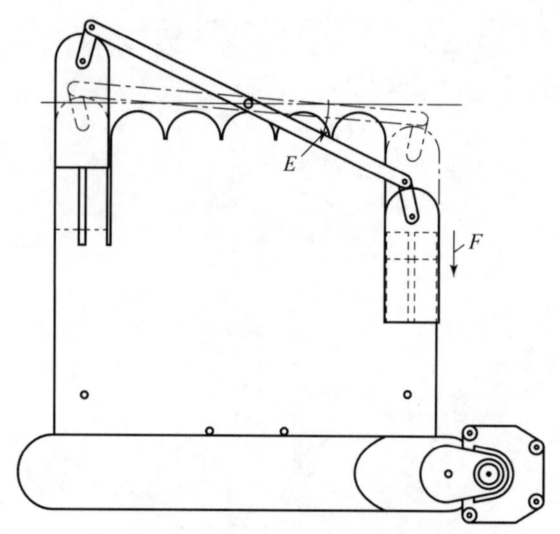

图 1-23 旋转杠杆推送活动链轮原理

1.7 箱式无链供弹的气动快速启动技术

Buchstaller 等[8]论述了航炮系统的两种气动快速启动弹箱技术。如图 1-24 和图 1-25 所示，该航炮弹箱使用链条、推弹杆、弹底沟槽导引等装置传输炮弹。火炮在射击时分出一路膛内气体，用于驱动弹箱上的快速启动装置，使得弹箱内的被推送链条获得 2 倍以上的运行速度，最终使供弹速度快速达到预期值。

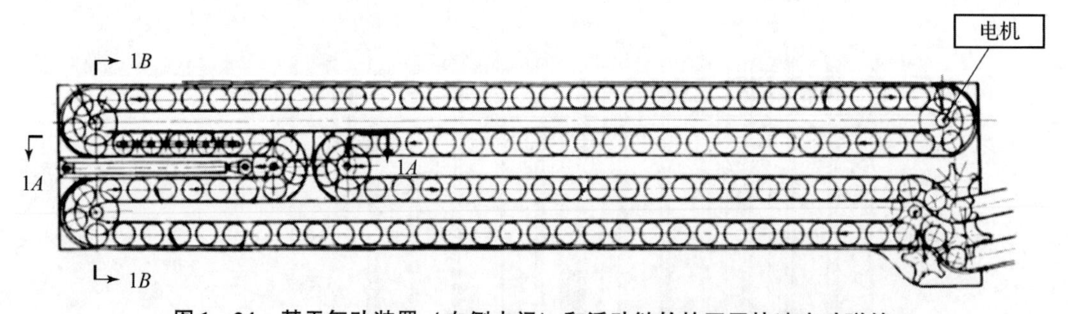

图 1-24 基于气动装置（左侧中间）和活动链轮的四层快速启动弹箱

解决问题：大多数航炮系统都对射击时的启动时间有要求（从击发到获得稳定射速），使用气动快速启动装置可以减少线性无链弹箱的启动时间，还可以降低链条的拉力、防止链条被拉断。

关键技术：基于气动装置和活动链轮的快速启动技术：通过使用火药气体推送活动链轮，从而使得链条及其上的炮弹加速伸出和缩回。

优势及劣势：有利于减少启动时间、降低拉链力，使自动炮快速达到预定的射速；但增加一套可伸缩链轮装置，降低了弹箱的供弹可靠性。

适用环境：车载、舰载平台的中等射速高炮系统及机载平台的速射航炮系统。

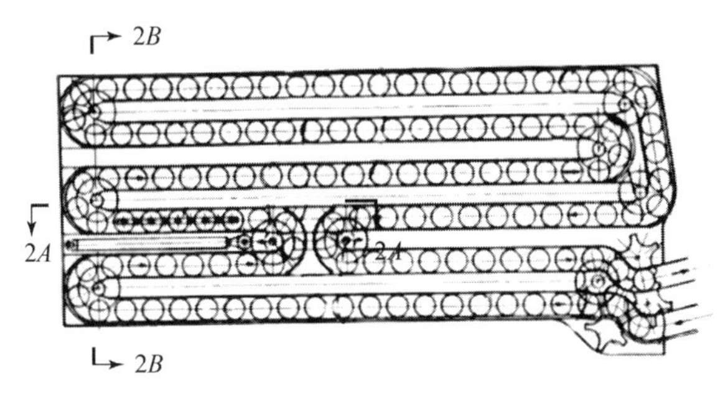

图 1－25　基于气动装置（左侧中下）和活动链轮的六层快速启动弹箱

1.8　一种转管炮无链供弹弹箱的启动、射击和停射策略

为了降低 7 管 25 mm 自动炮的启动惯量，Muller 等[9]构思了基于两路无链供弹合成一路无链供弹原理的供弹系统及其运行策略。如图 1－26 和图 1－27 所示，该供弹系统底部为弧形，整体呈船状，随自动炮同时回转和俯仰。供弹过程的控制策略如图 1－28 所示，两路合一路后炮弹存储在中间弹箱之中，在中间弹箱和自动机之间设置了一个小型缓存（中转）弹箱，炮弹被中间弹箱输出后达到传感器 1 附近的位置等待射击指令；射击指令下达后，炮弹在进入自动机进弹口前，转管炮将会加速旋转到额定射速。射击后的弹壳随

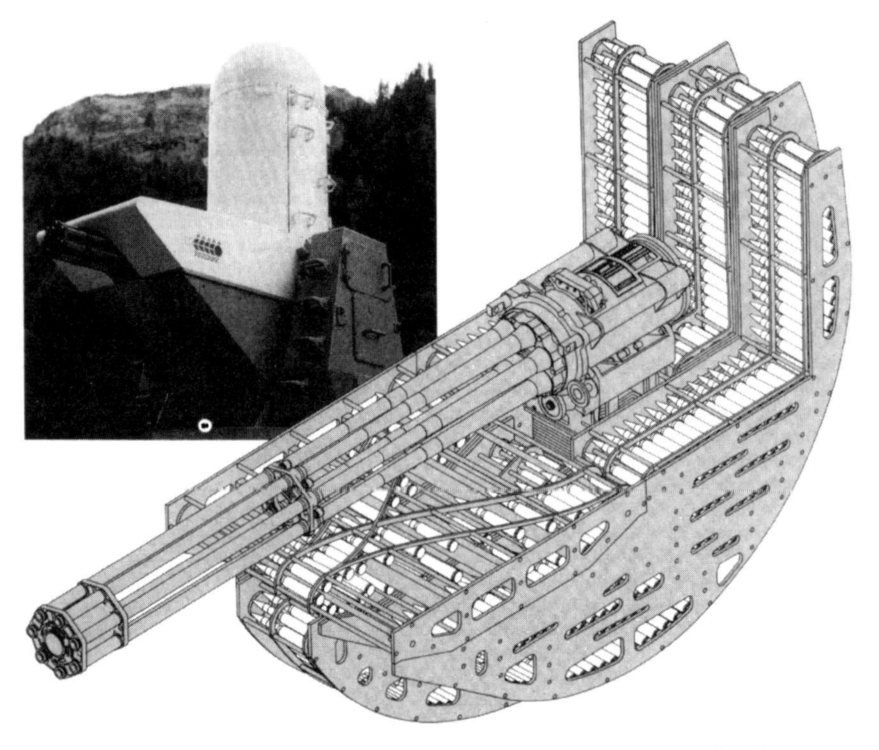

图 1－26　7 管 25 mm 自动炮及其供弹装置的工程样机（结构紧凑，容弹量约为 1 000 发）

着传输路线向缓存弹箱方向运动。一次点射后转管炮减速，未击发的炮弹和弹壳随着传输路线向缓存弹箱方向运动，当首个未击发炮弹到达拨弹轮 2 位置之后，整个供弹系统制动、反转，且将活动导引插入传输线路之中，最终将传输线路上的弹壳切换到缓存弹箱中去。持续进行这种操作之后，第一次射击后的最后一个弹壳和第二次射击时的第一个弹壳，将衔接形成一串连续的弹壳储存位置。

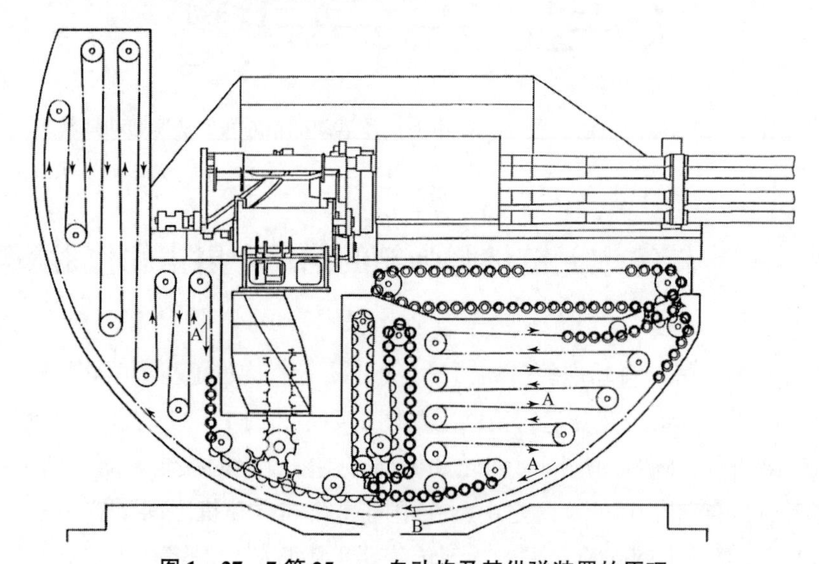

图 1－27　7 管 25 mm 自动炮及其供弹装置的原理

（供弹路线：左、右弹箱——中间弹箱——自动炮——过渡弹箱和中间弹箱（弹壳））

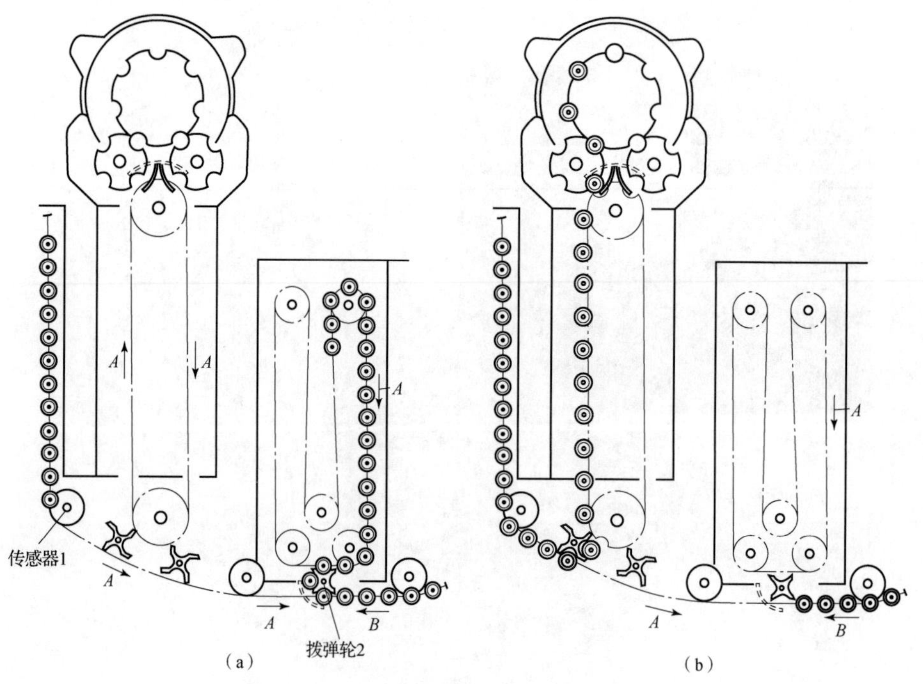

图 1－28　启动、射击和停射逻辑过程原理

（a）射击前左侧首发炮弹尚未进入自动机，处于供弹起始位置；（b）自动机启动后，炮弹进入自动机的进弹机拨弹轮

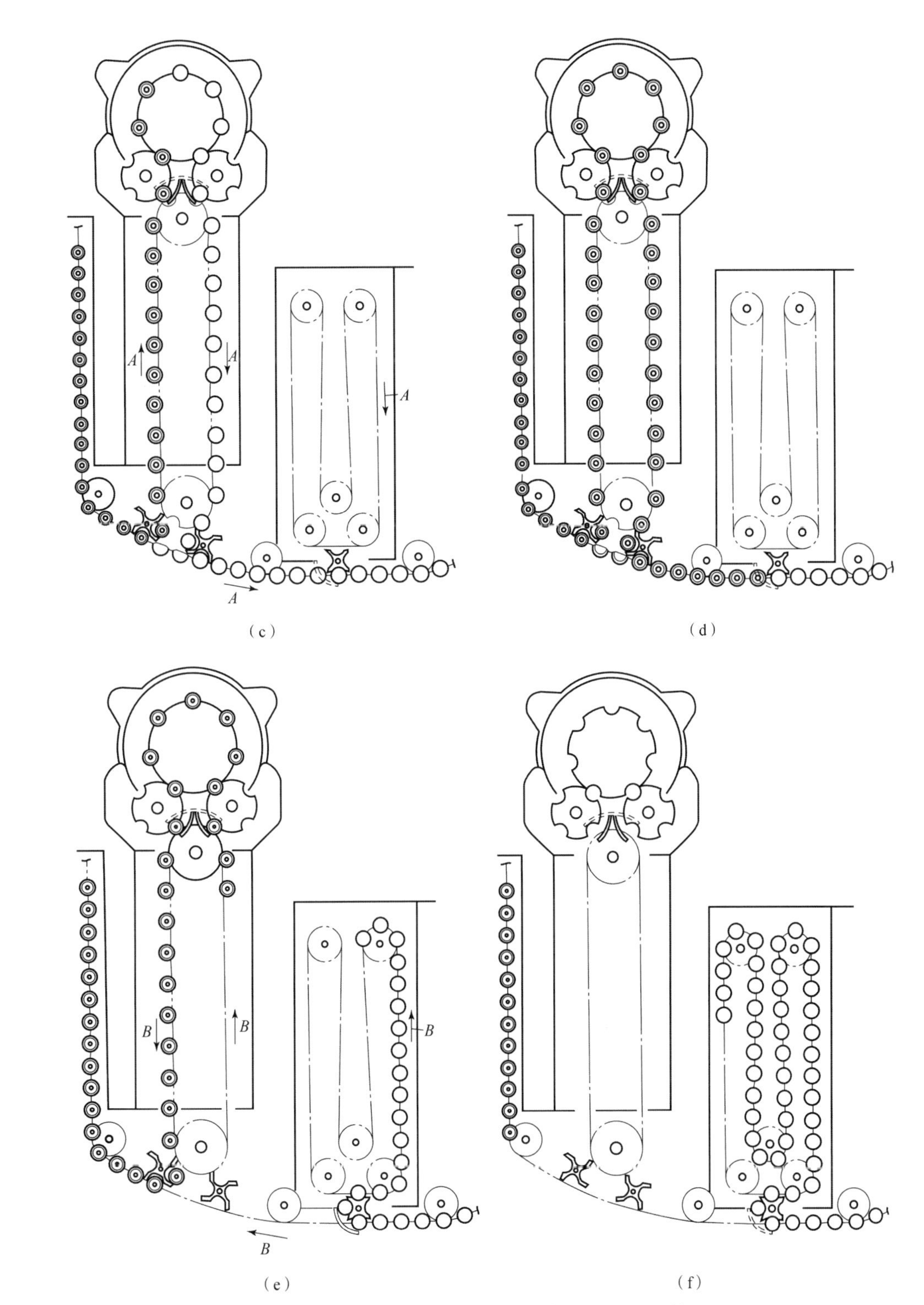

图 1－28　启动、射击和停射逻辑过程原理（续）

(c) 射击后弹壳事先并不进入缓存小弹箱；(d) 停射后，炮弹在自动机后部循环出自动机，当首发炮弹到达切换位置时，自动机制动；(e) 活动导引切入供弹传输路线（插入炮弹和弹壳之间的空隙之中），供弹系统反转，弹壳进入缓存小弹箱；(f) 传输链条上的首发炮弹达到左侧供弹起始位置，供弹系统停转等待射击指令

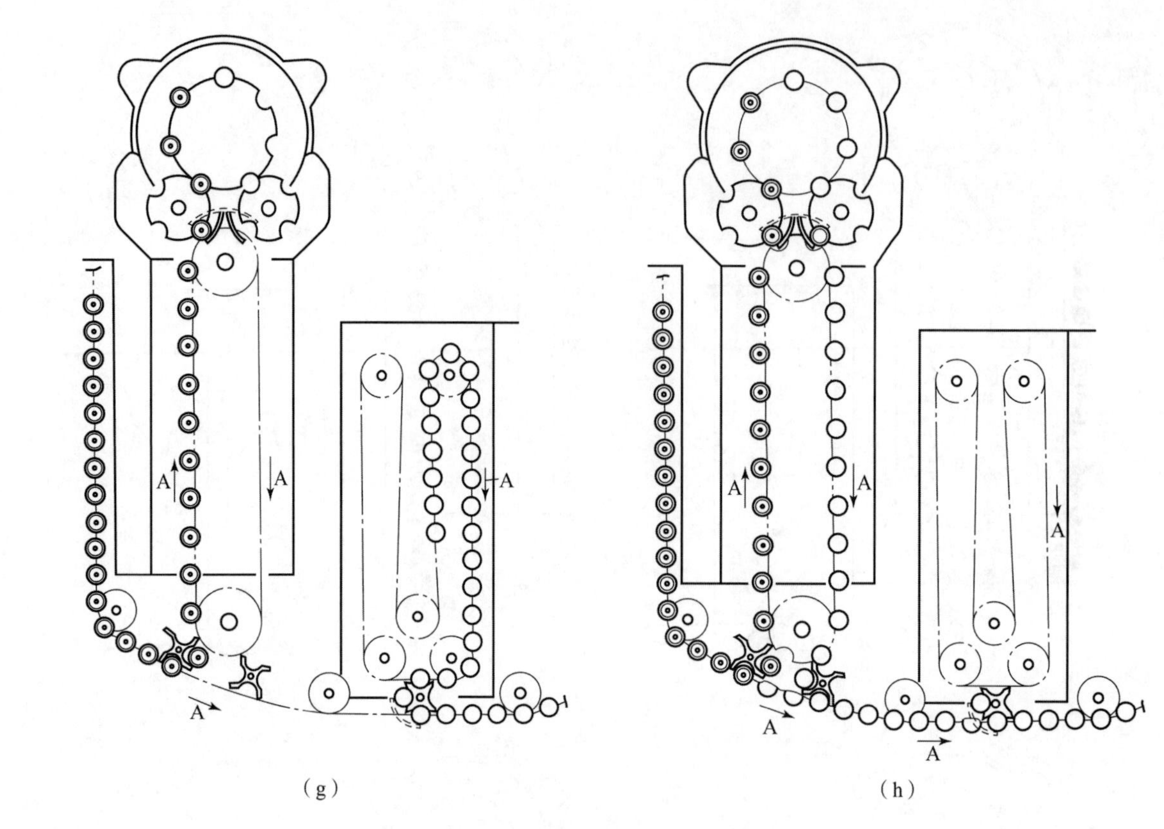

图 1-28 启动、射击和停射逻辑过程原理（续）

（g）自动炮再次启动时，缓存弹箱联动；（h）第一次射击后的最后一个弹壳和第二次射击时的第一个弹壳，衔接形成一串连续的弹壳储存位置

解决问题：转管炮停射时，未击发的炮弹和弹壳会造成供弹线路上的空位，使得弹箱中的储存位置不足，通过设置一个小型缓存弹箱和一套切换装置可以解决弹箱中炮弹和弹壳的储存问题。

关键技术：活动导引、传感器和储存弹箱综合技术：停射后炮闩停留在后位，炮弹从减速的自动机后部经过并被输送出自动机，然后被放置在传输路线（闭合弹带）上；如图 1-29 所示，可快速旋转的切换导引配合小型储存弹箱，在供弹系统反转时切入传输路线，实现弹壳和炮弹分离；第二次射击时，小型储存弹箱配合自动机联动，将第一次击发的最后一个弹壳和第二次击发的第一个弹壳衔接起来，形成无空位的闭合弹带。

优势及劣势：射击前炮弹停留在射击等待位置，转管炮达到额定射速后再启动供弹装置以进行射击，使用小型储存弹箱可以解决射击启、停过程中炮弹存储位置的问题；但需要增加相应的切换导引、传感器等装置，同时中间弹箱的传输链（闭合弹带）循环路径较长，链条需要定时张紧维护。

适用环境：车载、舰载平台的高射速近防系统。

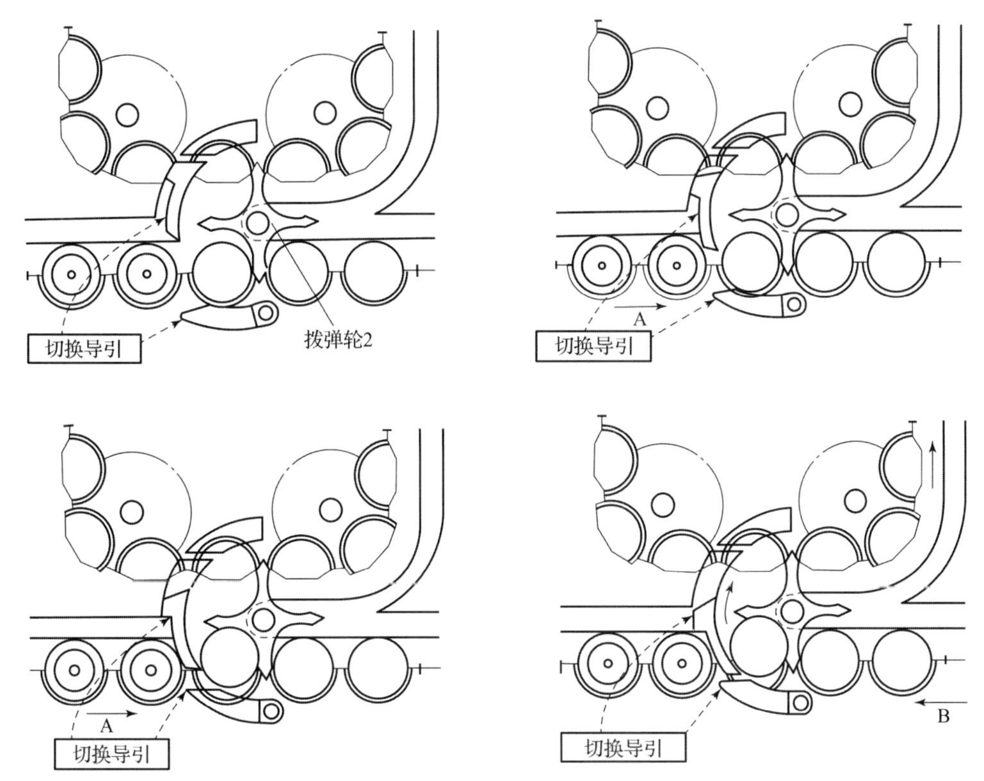

图 1－29　配合拨弹轮运动的切换导引动作原理（活动的切换导引分为上下两部分）

1.9　双转管炮的双弹种箱式无链供弹技术

Muller 等[10]设计了双转管炮的双弹种无链供弹系统布局。如图 1－30～图 1－33 所示，供弹系统的刚导引和软导引都预制了一定的角度，以方便火炮调整射角（－30°～115°）。射击前先将转管炮加速到一定转速，然后接通供弹系统的离合器，从而将供弹刚导引中的炮弹切换到软导引中去，以使自动炮能够射击；停射时首先断开该离合器，然后接通刚导引和弹箱之间的摩擦离合器，使得刚导引和弹箱缓慢制动直到不再供弹，在此过程中软导引之中的炮弹将会被转管炮射击完毕。供弹系统完全制动之后，立即反向驱动直到首发炮弹停在刚导引的活动导引附近。

解决问题：基于小口径转管炮的近防系统对启动时间要求较高，因为在达到额定射速之前，所发射的炮弹不能有效地形成弹幕，效用较低；使用基于刚导引、软导引和切换活门的无链供弹装置，既可以切换弹种，又可以解决供弹启动速度问题。

关键技术：①刚、软导引预制技术：根据射角预制刚导引和软导引的角度，使其适应高角 115°和低角 －30°的射击范围；②四路、双弹种供弹切换技术：当转管炮达到一定转速之后，才接通供弹系统的离合器，并操纵活动导引将供弹起始位置处的炮弹切换到软导引中去，实现自动炮射击。

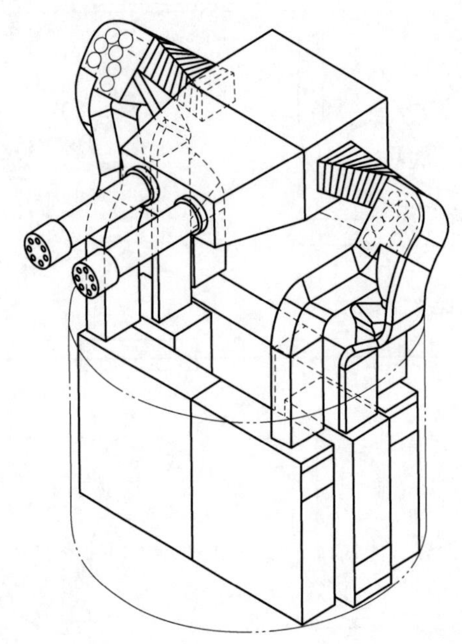

图 1－30　转管炮及其供弹系统的布局（舰船甲板之上放置着转管炮及供弹刚、软导引，甲板以下放置着 6 个弹箱，其中 4 个弹箱存储炮弹，2 个弹箱是空弹箱，用于储存弹壳）

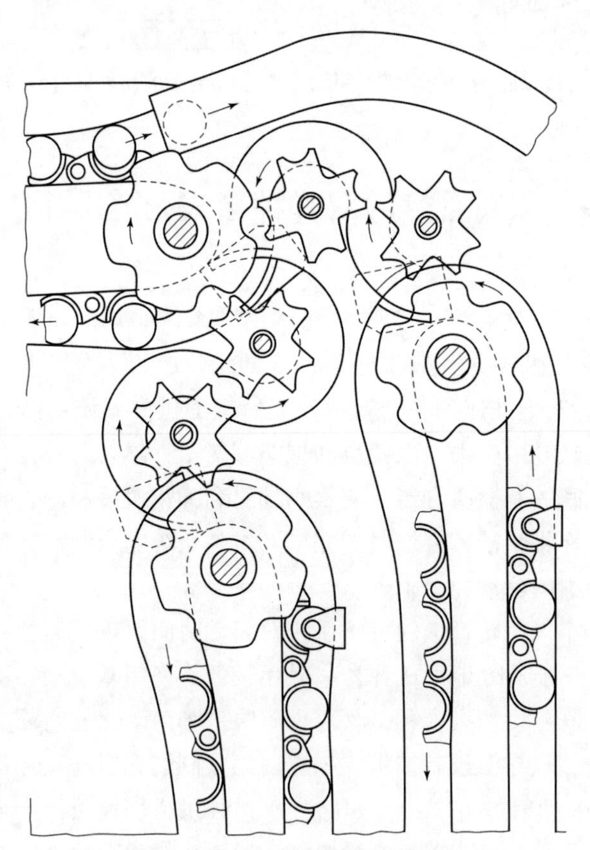

图 1－31　刚、软导引及切换接头
（停射后首发炮弹退到供弹起始位，然后制动并等待下一个击发信号）

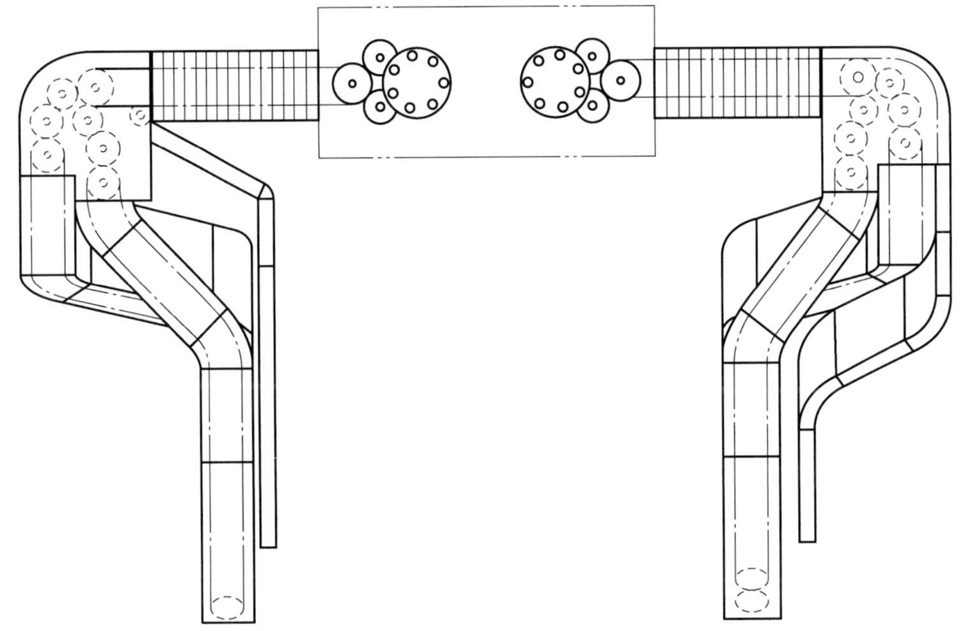

图 1－32　四路刚、软导引与自动炮布局（左侧排壳通道在软导引下方，右侧排壳通道在软导引上方）

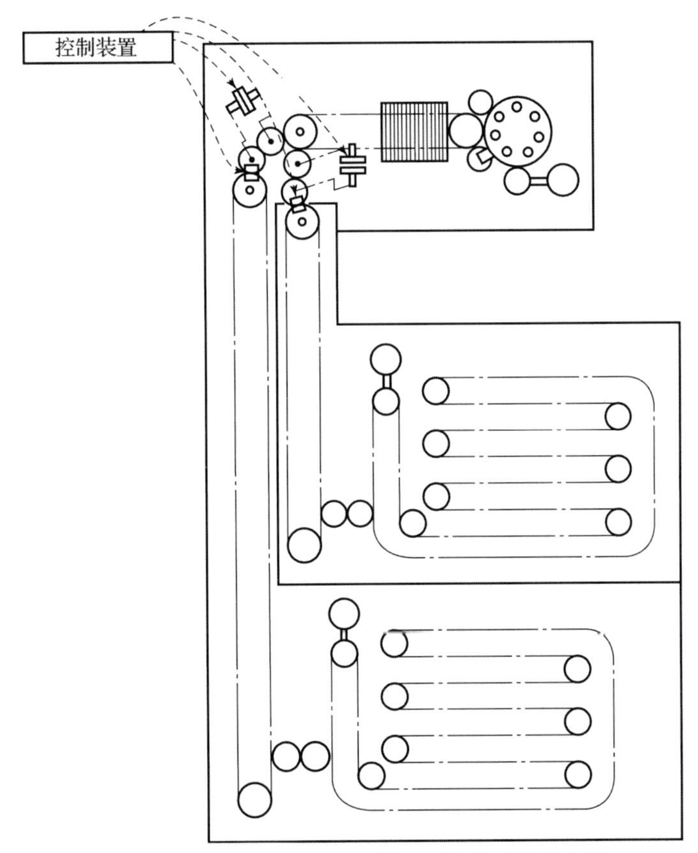

图 1－33　弹箱、刚导引、软导引和自动炮的布局

（进弹路线：弹箱——垂直的刚导引——供弹离合器拨弹轮——软导引——自动机）

优势及劣势：该无链供弹系统的布局形式实现了四路、双弹种高速无链供弹功能，但供弹系统的体积较为庞大。

适用环境：车载、舰载平台的高射速近防系统，并已应用于意大利的舰载米利亚德近防系统（Myriad，图 1－34）。

图 1－34 米利亚德近防系统

1.10 箱内弹头交错布置的无链供弹技术

Hagen 等[11]为 F/A－18 战斗机的航炮设计了一种炮弹首尾交错布置的无链供弹弹箱。如图 1－35 所示，该无链供弹装置悬置在 M61 转管炮的下方，弹箱中的炮弹间隔、交错布置，其目的在于增大弹箱容弹密度、减小供弹功耗。

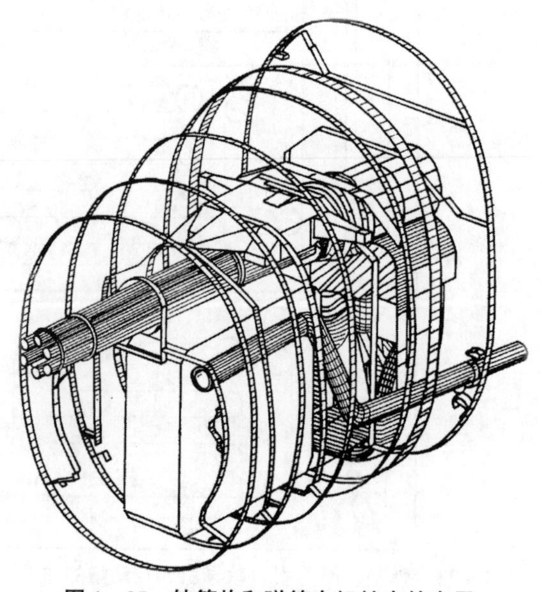

图 1－35 转管炮和弹箱在机舱中的布局

解决问题：需存储约 500 发炮弹的弹箱，要有较高的储存密度，且不能像螺旋弹鼓那样占据太大的体积。

关键技术：①基于炮弹交错布置的无链弹箱技术：如图 1－36～图 1－38 所示，当前无链弹箱传输链上的推弹板（条）轴向上约束炮弹斜肩，弹箱隔板上的上、下突筋约束炮弹底缘和斜肩，以使得炮弹能在弹箱内可靠定位，炮弹两两之间交错间隔布置可以增加弹箱内部的容弹密度；②基于炮弹交错布置弹箱的分离与汇合接口技术：如图 1－39 所示，使用一个 3 卡槽和一个 4 卡槽的拨弹轮及两个不同方向的导引条，将交错布置的炮弹分离并导入各自的供弹通道，出通道后炮弹翻转 90°并且和进弹路线上的炮弹汇合，并最终进入转管炮的自动机。

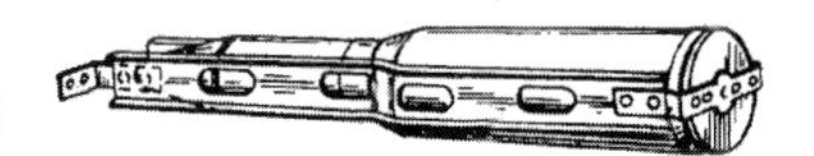

图 1－36　限制炮弹轴向运动的推弹板（条）

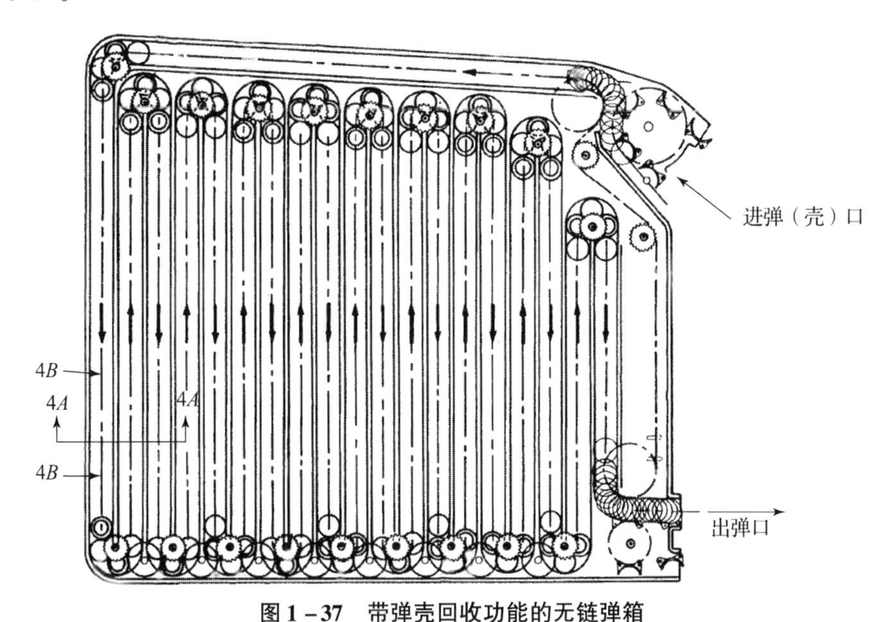

图 1－37　带弹壳回收功能的无链弹箱

（供弹路线：弹箱——炮弹分离与汇合装置——进弹机闭合弹带——自动机）

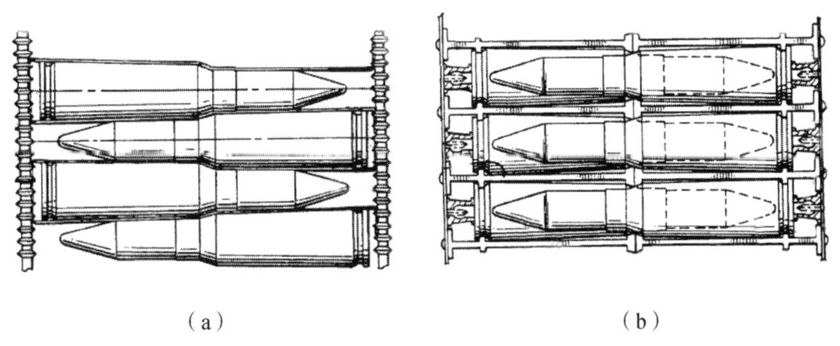

图 1－38　无链弹箱内部炮弹交错布置的传输链

（a）俯视图；（b）侧视图

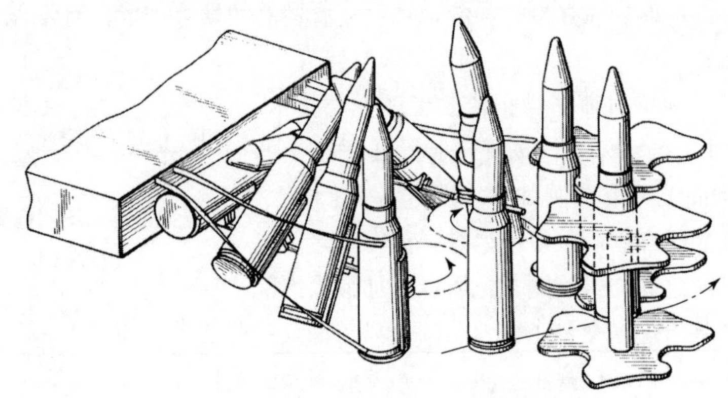

图 1－39　炮弹分离、旋转和汇合装置原理

优势及劣势：采用炮弹交错布置的弹箱有很大的存储密度，假如炮弹存储密度增大 1 倍，则整个系统的动能将减少至以前的 1/4 左右；但是供弹装置中的炮弹分离和汇合机构大大增加了供弹系统的复杂性。

适用环境：机载航炮及其他对启动速度要求较高的火力系统。

1.11　基于缓存弹箱的转管炮双弹种箱式无链供弹策略

Muller 等[12]论述了一种基于缓存弹箱的转管炮供弹逻辑。如图 1－40 所示，供弹系统在自动机两侧对等布置，与自动机同时回转，并使用软导引来协调自动机的高低俯仰。无链供弹弹箱中的炮弹通过传输链输送到软导引，软导引将炮弹输入自动机的进弹机。图 1－41～图 1－46 显示了射击之初和左路供弹时活门与炮弹的相对位置。射击前，待击

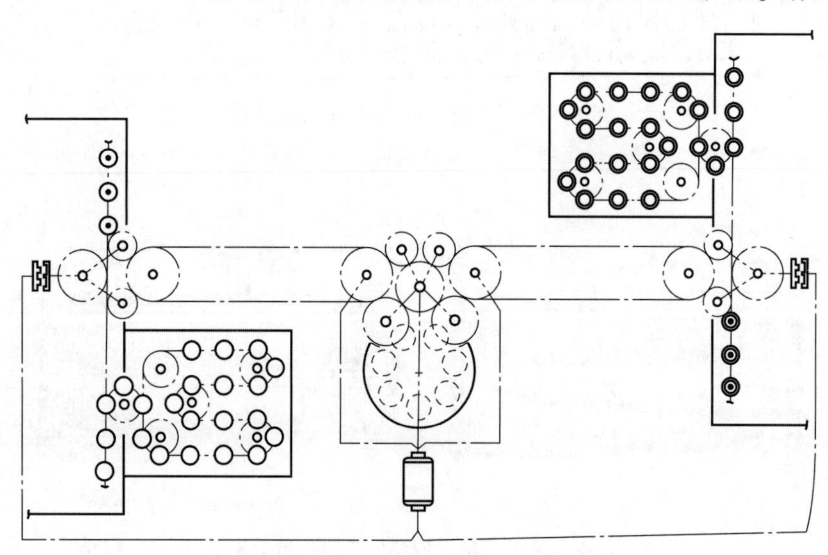

图 1－40　自动炮、软导引、缓存弹箱和储存弹箱的布局（电机驱动自动机及供弹系统，进弹路线：弹箱——软导引——进弹机同旋向拨弹轮和过渡拨弹轮——自动机）

发炮弹停留在软导引入口处的供弹起始位。缓存弹箱主要用于供弹系统制动时回收弹壳；再次射击时，缓存弹箱中的弹壳被传输出去进入无链供弹弹箱。弹种切换时必须清膛，让炮弹停在软导引入口处的供弹起始位。供弹系统左右路均为同一弹种时，左右路通过进弹机上端活门导引接通回路（图 1－47、图 1－48），实现供弹系统大闭环供弹。

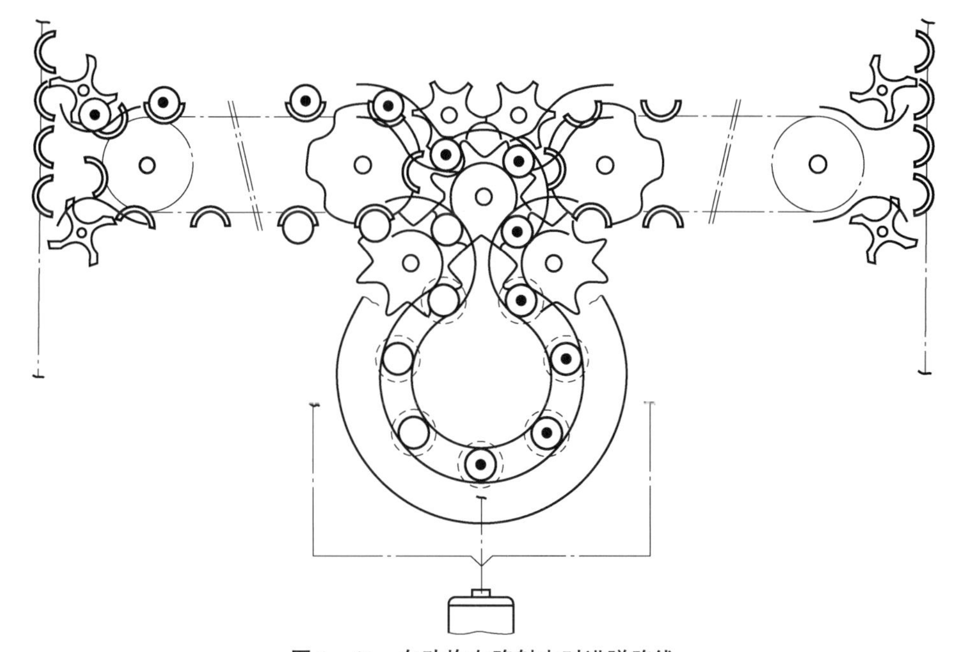

图 1－41　自动炮左路射击时进弹路线

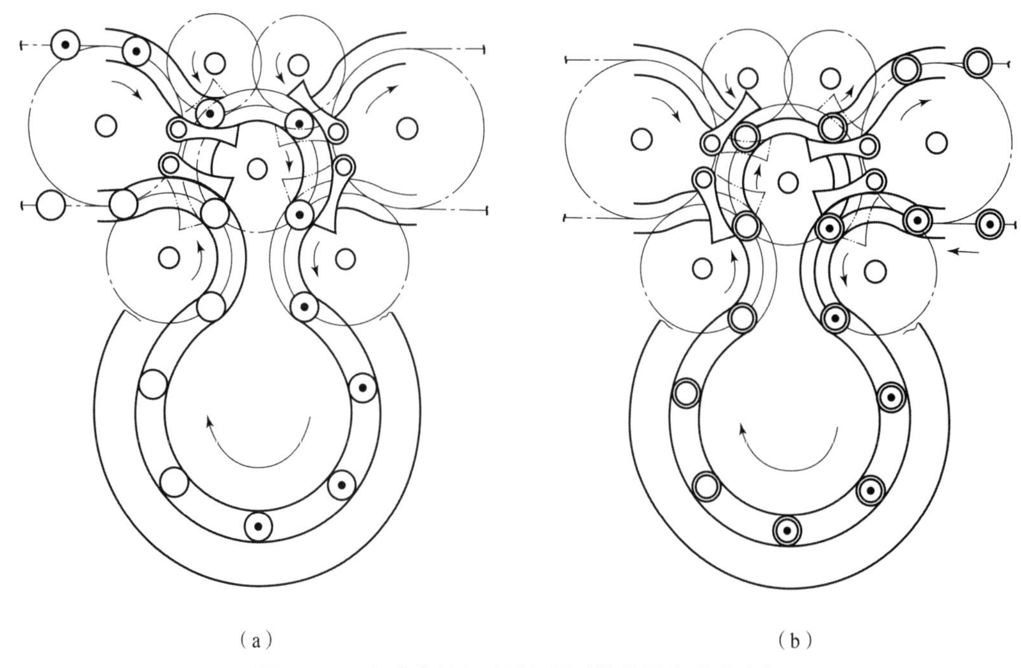

图 1－42　自动炮射击时活门导引的位置和进弹路线

（a）自动炮左路射击；（b）自动炮右路射击

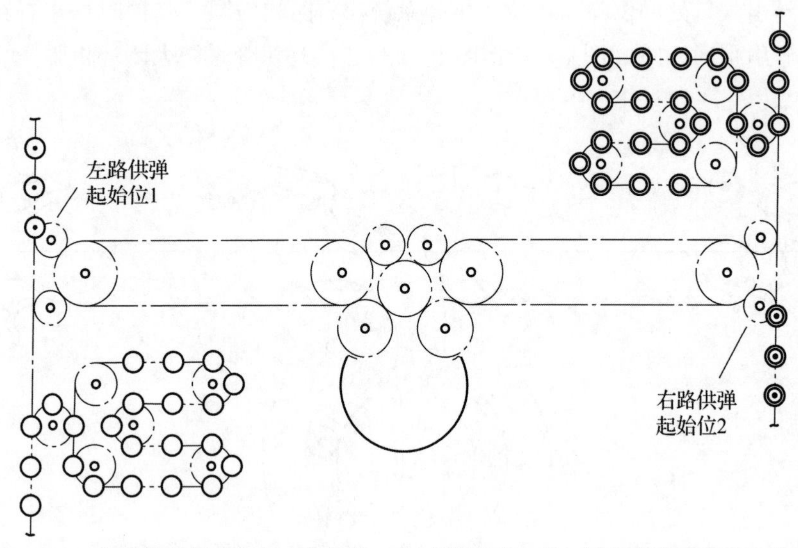

图 1-43　自动炮的供弹与射击起始位（自动炮清膛之后，缓存弹箱中装满空弹壳，左路炮弹处于 1 的待启动位置，右路炮弹处于 2 的待启动位置）

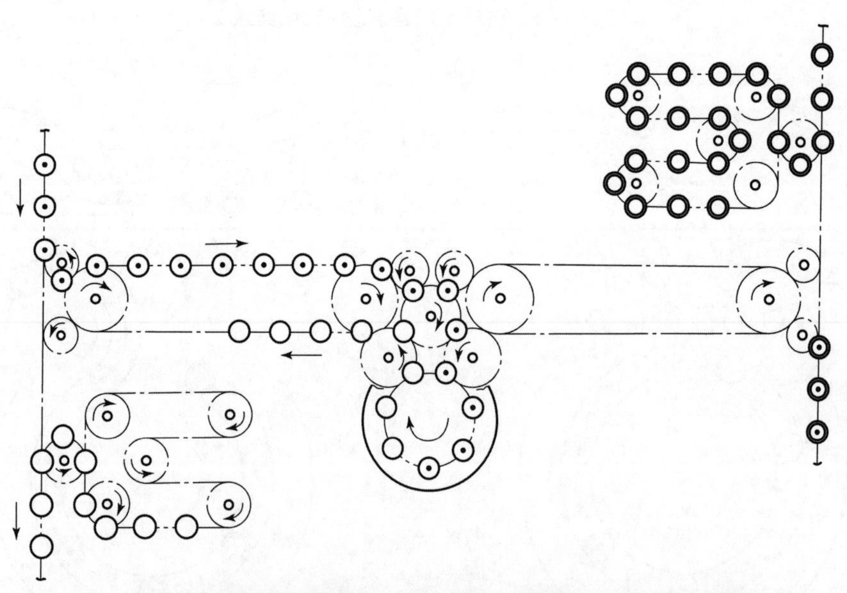

图 1-44　自动炮左路供弹与射击（启动后，弹壳从自动机进入软导引，缓存弹箱中的弹壳进入弹箱传输回路。）

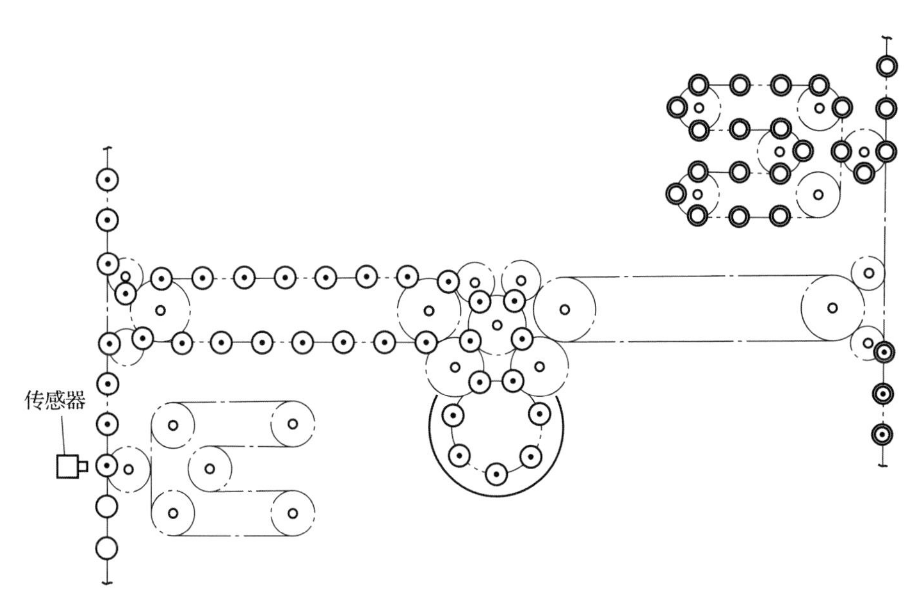

图1-45　自动炮左路射击完毕后，供弹系统开始制动（停射信号发出后，自动机炮闩停留在自动机的后位，炮弹从自动机后部进入软导引，当炮弹到达传感器的位置，整个供弹系统完全制动。）

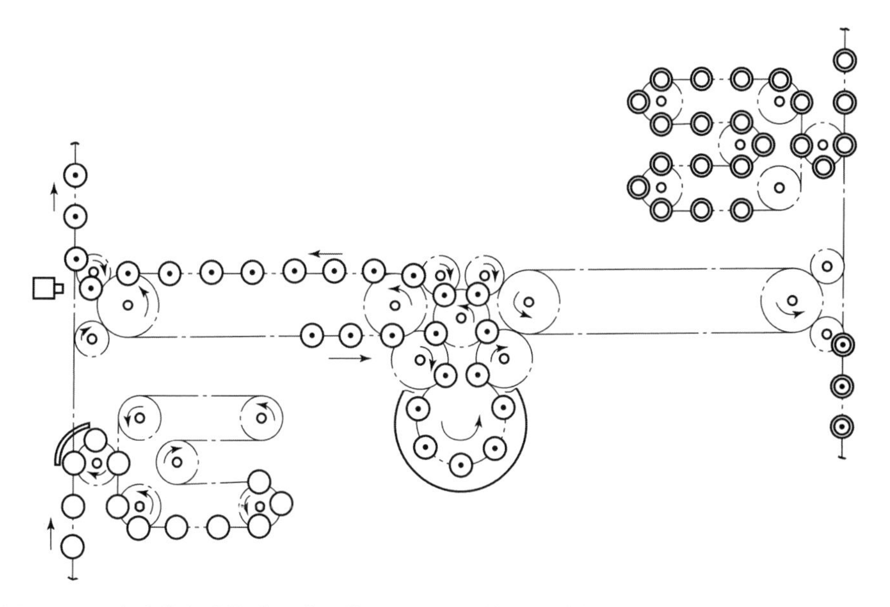

图1-46　自动炮左路供弹系统反转（此时活门转动，弹壳经过切换活门进入缓存弹箱，首发炮弹经过软导引后停止在软导引入口处的供弹起始位）

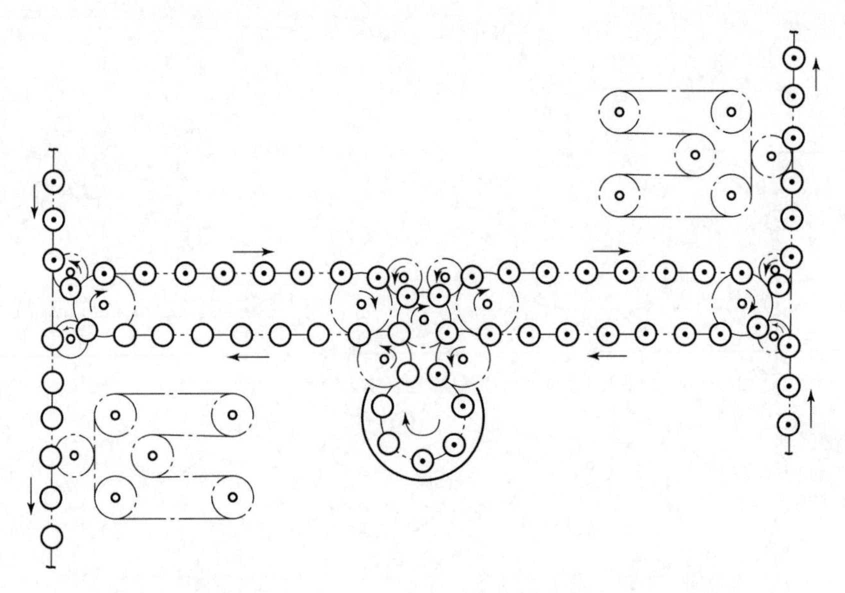

图 1－47 自动炮左、右路同一弹种时供弹系统的大闭环供弹回路

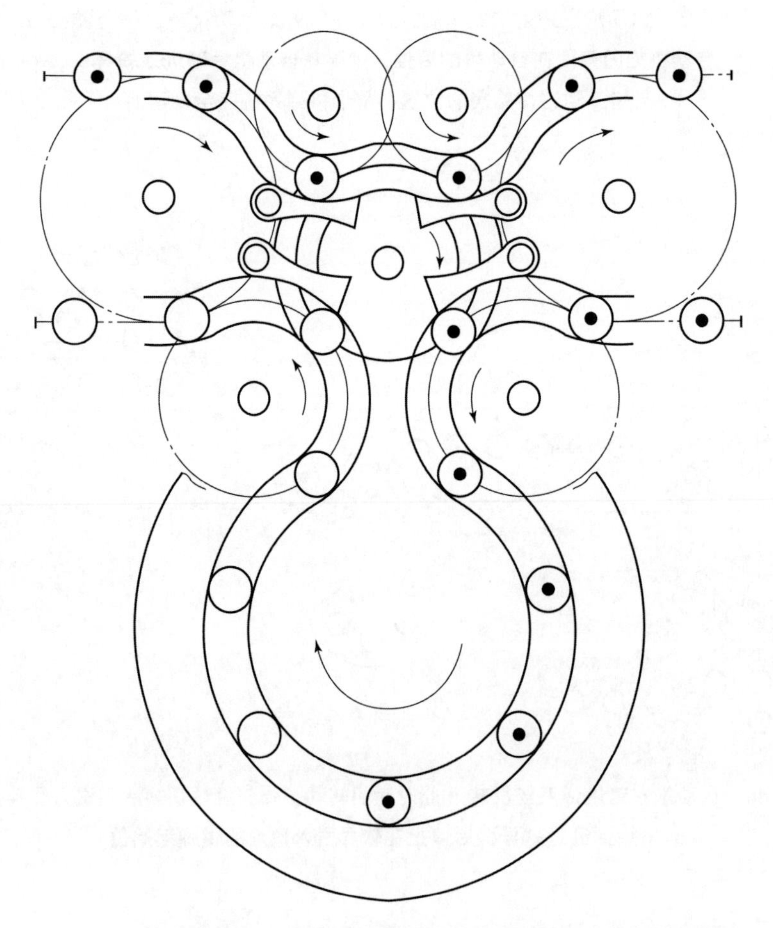

图 1－48 自动炮左、右路同一弹种时自动机上端活门的相对位置

解决问题： 近防系统的转管炮若想实现双向双路供弹，就需要考虑供弹系统的高速启停问题；通过增加一个缓存弹箱，可以解决无链供弹系统的高速启停和弹壳回收等问题。

关键技术： ①缓存弹箱技术：炮弹到达缓存弹箱传感器位置时，整个供弹系统完全制动，此时切换活门转动，供弹系统反转，让弹壳切换传输路径进入缓存小弹箱；②进弹机同旋向拨弹轮和联动导引技术：进弹机的上方因为空间存在较大限制等问题，无法容纳拨弹轮（或者传动齿轮参数不能满足传动要求），通过设计同旋向拨弹轮，配合进弹机内部 4 个切换活门，可以将炮弹从自动机的左侧传输到自动机的右侧。

优势及劣势： 虽然可实现双弹种供弹及弹壳回收功能，但也存在着占据空间庞大、能耗很高（供弹系统整体线性运动）以及二次射击等待时间较长等问题。

适用环境： 车载、舰载平台的高射速近防系统。

1.12　基于动力分流原理的箱式无链供弹技术

Bender - Zanoni[13] 为大口径火炮的无链供弹弹箱构思了一种动力分流式传动装置，如图 1 - 49 所示，该装置使用中置的蜗轮、蜗杆将动力传递到弹箱两侧的链轮上。

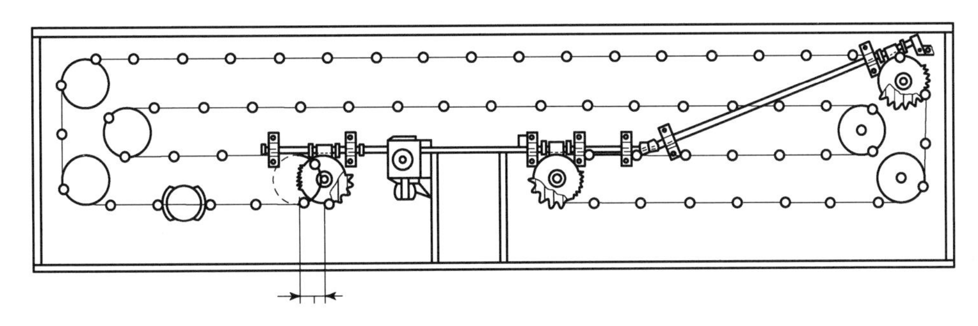

图 1 - 49　大口径火炮的无链弹箱及其分布式动力（炮弹出弹口位于弹箱中部，电机驱动整个供弹系统）

解决问题： 电机驱动整个链传动无链弹箱时，存在着链传动远端推、拉运动不协调等问题，通过使用动力中置、两侧延伸布局的技术方案，可以有效缓解该问题。

关键技术： 蜗轮、蜗杆驱动及张紧技术：如图 1 - 50 所示，通过中置的蜗轮、蜗杆和万向节将电机的动力传递到弹箱两侧；为了方便蜗轮、蜗杆调整齿轮相位及张紧整个链传动弹箱，将蜗杆套在轴上并使其可以沿轴滑动与固定，蜗轮也可以通过螺栓来调整其在弹箱上的位置。

优势及劣势： 采用单个电机向两侧输出动力的传动布局形式，可以改善大口径无链供弹弹箱内部的运动不协调等问题；无明显劣势。

适用环境： 车载、舰载平台的中、大口径火力系统。

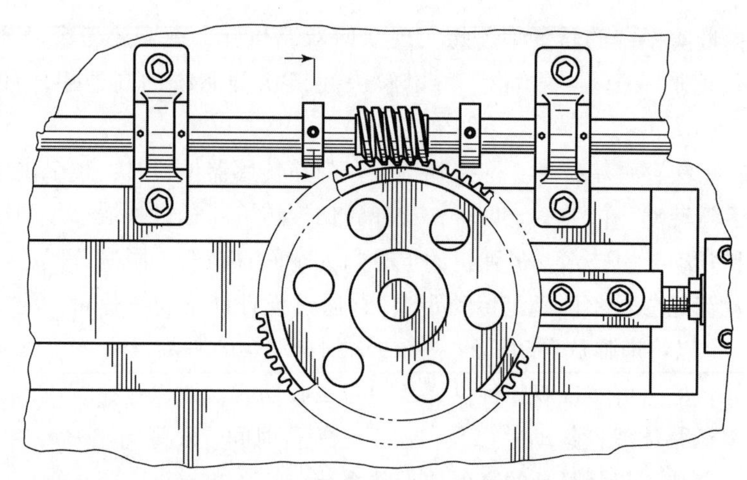

图1-50 可轴向移动的蜗杆及可以调整弹箱张紧度的蜗轮（轴）

1.13 具备射击过程自主调整功能的箱式无链供弹技术

一般来说，由于无链弹箱启动惯量较大，内能源单管高射速自动炮很难匹配无链供弹弹箱。Beckmann 等[14]设计了可偏转摇臂；通过采集摇臂产生的正、负电压信号，然后控制辅助供弹电机转动，使供弹装置达到快速启动和制动等目标，其供弹路线如图 1-51 所示。

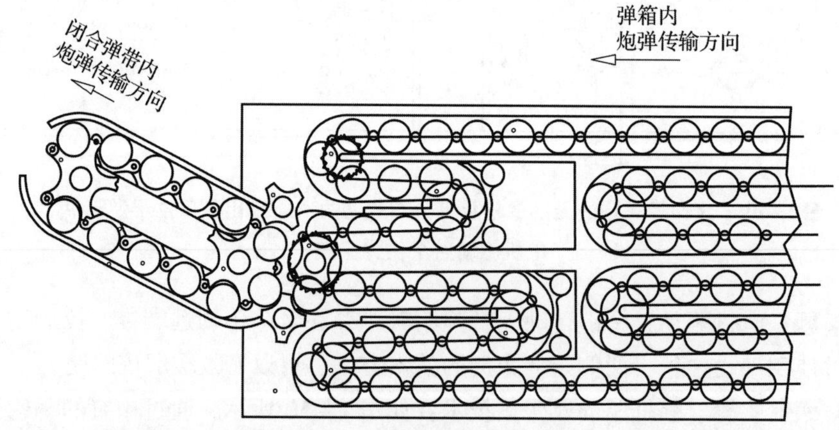

图1-51 无链弹箱和闭合弹带的布局（自动机和闭合弹带出口固连，射击时自动机驱动闭合弹带和无链弹箱，使弹箱中的炮弹向闭合弹带输送。射击过程中闭合弹带加、减速运动，并带动无链弹箱中的活动链轮，使其两侧的摇臂偏转并产生电压信号，进而驱动弹箱中的辅助供弹电机转动，实现供弹装置的高速启动和制动）

解决问题：主要解决内能源自动炮匹配无链供弹弹箱时的快速启动、制动和张紧等问题。

关键技术：①偏转摇臂输出电压驱动电机技术：如图 1-52 所示，自动机加速和减速过程中，链条扯动活动链轮导致偏转摇臂转动输出正、负电压信号，控制装置采集正、负电压信号驱动辅助供弹电机正转或者反转，推、拉弹箱中剩下的链条，使弹箱中的链条和炮弹适应自动机射击过程中的加速和减速运动；②桥架张紧和缓冲技术：如图1－53所示，桥架作为偏转摇臂的支座，既要具备张紧整个弹箱链条的功能，又要能够承受弹箱内部活动零件在冲击时的冲击力。

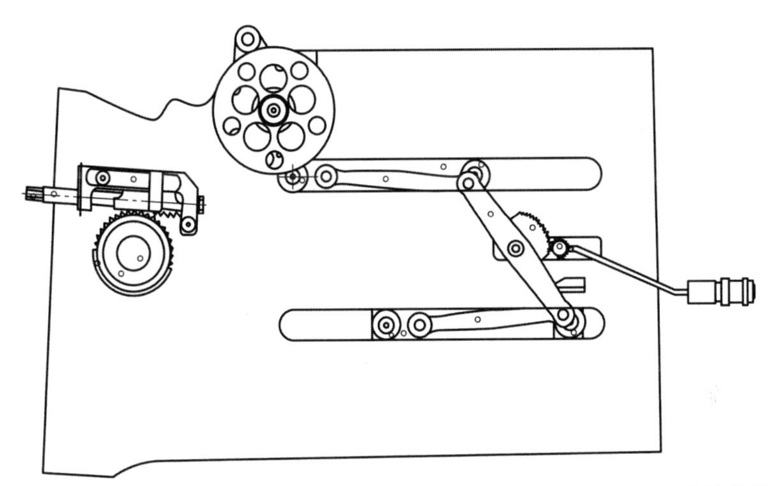

图1－52　偏置摇臂和上下活动链轮（辅助供弹电机在弹箱上方，靠近活动链轮的一侧）

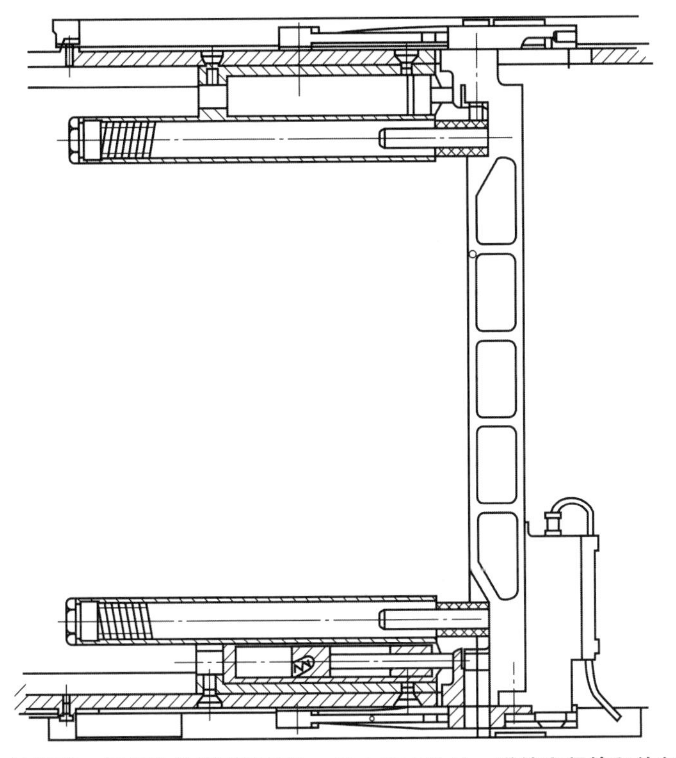

图1－53　偏转摇臂（桥架作为摇臂的载体，其上有电位计，弹箱张紧簧和单向阀的活塞杆抵在桥架的侧面，张紧簧用于张紧整个弹箱；单向阀有较大的刚性，可以缓解桥架向左侧的过度冲击；单向阀可以缓慢地向右侧移动，以保持张紧力的平衡）

优势及劣势：虽然能够通过采集偏转摇臂的电信号来控制辅助供弹电机转动，实现无链弹箱的快速启动和制动，但也存在着对电机和传感器的响应灵敏度要求较高的问题。

适用环境：车载、舰载、机载等小口径火力系统均可使用，目前已经应用于德国BK27 转膛航炮系统（图 1 – 54）。

图 1 – 54　典型应用：BK27 转膛机炮及无链供弹弹箱（无链弹箱箱板上有白色的偏转摇臂等装置）

1.14　随炮小弹箱可摆动补弹的箱式无链供弹技术

Bofors 公司的 Nilsson 等[15]为 40 mm 舰炮构思了一款可快速补弹的随炮小型无链弹箱。如图 1 – 55 和图 1 – 56 所示，采用板、条框架结构的小型无链弹箱装弹量约 30 发，与炮尾固定，随同火炮俯仰和回转；补弹时弹箱前端和炮尾解脱，后端绕转轴转动以和弹库出口对接。弹箱内部使用链条和推杆推送炮弹，弹箱外侧带有链条张紧装置及张紧标尺。弹箱带有补弹缺口和操作手柄，可以便捷地将炮弹补入弹箱和弹出弹箱。一个带电磁离合器的解锁装置，可以将弹箱和进弹机解脱开来，弹箱得到释放后即可旋转，旋转到位后与弹库对接即可补弹。

解决问题：射速舰炮采用小型、双弹种随炮弹箱，可以降低启动惯量及对驱动动力的需求。

关键技术：双弹种小型弹箱供弹及补弹技术：如图 1 – 57 和图 1 – 58 所示，弹箱内有单向起弹齿，切换弹种时需反转弹箱，然后在固定位置处正转弹箱；配合电磁铁和相关传感器，小型弹箱可自动化地解锁并摆动到补弹位置和供弹位置。

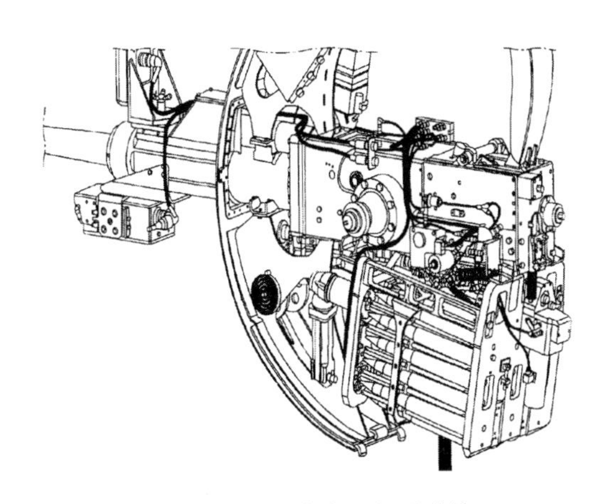

图 1－55　自动炮及小型弹箱
（进弹路线：小型弹箱——自动炮炮尾进弹机）

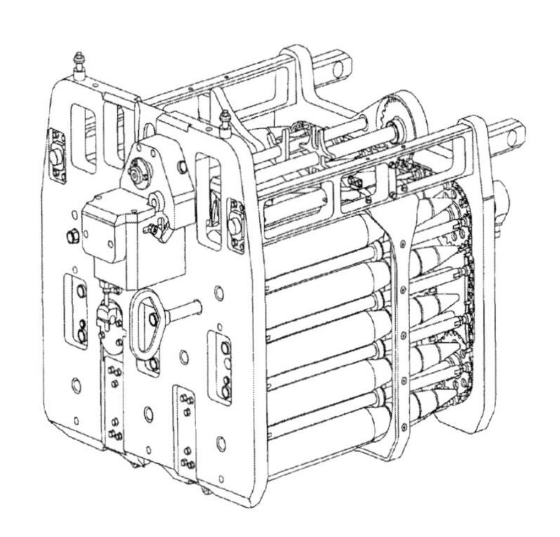

图 1－56　小型无链供弹弹箱

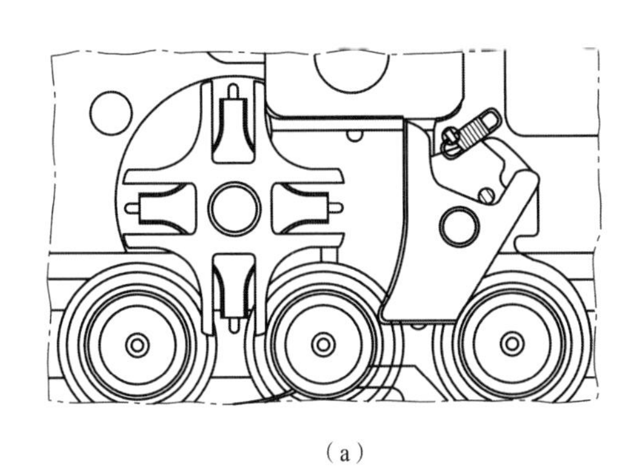

（a）

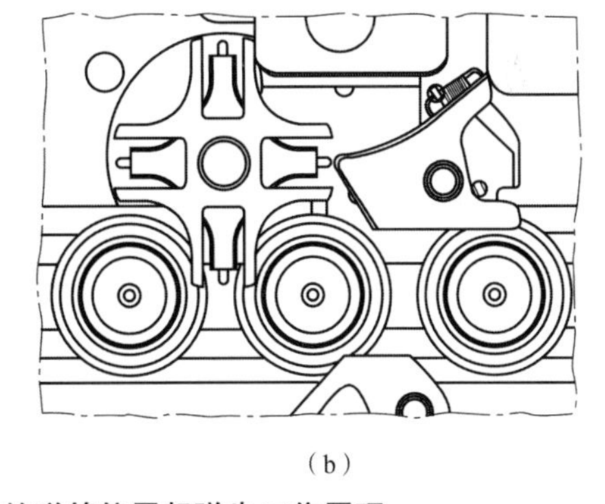

（b）

图 1－57　配合链条和拨弹轮工作的弹簧偏置起弹齿工作原理
（a）顺时针转动时起弹齿铲动炮弹；（b）逆时针转动时起弹齿在炮弹的作用下抬起

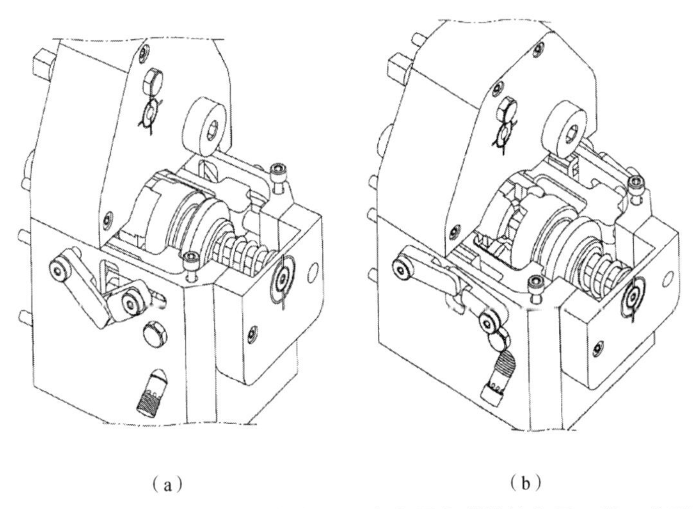

（a）　　（b）

图 1－58　控制小型弹箱解脱的离合器（离合器在弹簧的作用下锁死小型弹箱，电磁线圈通电后驱动曲柄和连杆，使得离合器断开、小弹箱解锁）
（a）弹箱离合器锁定状态；（b）弹箱离合器断开状态

优势及劣势：小型随炮弹箱具备转动惯量低、功耗需求小、弹种切换快等特点，但小型弹箱附着于自动炮的下部会限制自动炮的最大射角。

适用环境：车载、舰载平台的中、大口径速射火力系统，目前已经应用于 BAE 公司的 MK4 型 40 mm 舰炮系统（图 1－59）。

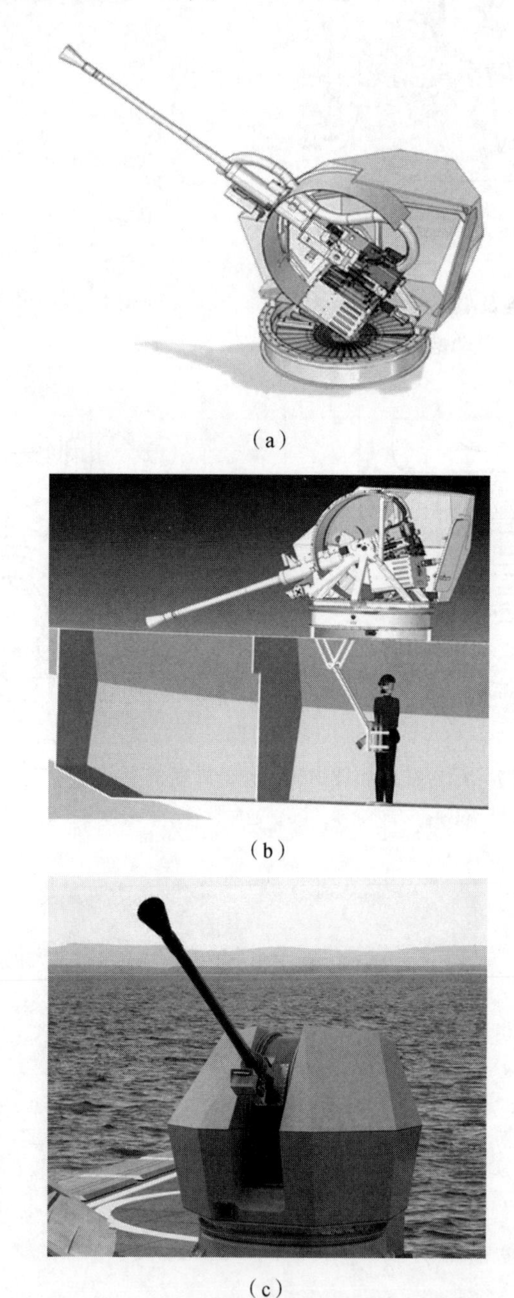

（a）

（b）

（c）

图 1－59 BAE 公司的 MK4 型 40 mm 舰炮系统

（a）三维模型（随炮小型弹箱中约存储 30 发炮弹，中间弹仓中约存储 70 发炮弹）；

（b）中间弹仓需从甲板下的弹库人工补弹；（c）火力系统实物

1.15　基于轻型链条和弹托的航炮无链供弹吊舱技术

Wetzel 等[16]构思了一种基于轻型链条和弹托的航炮吊舱（图 1－60）。如图 1－61～图 1－63 所示，弹托与轻型链条固连，而链条的滚子在双层封闭循环的螺旋导轨中滚动；弹托具备一定的弹性，可以抱住炮弹，使其不能随意地从弹托中脱出；弹托背部有缺口，配合进弹机附近固定的导引块与拨弹轮，可以将炮弹从弹托中取出。转管炮的动力通过一根长轴输出，并驱动导轨中的链轮。转管炮启动时，由吊舱后部的气瓶驱动整个火炮及其供弹装置。转管炮的反后坐装置通过一个摇臂与吊舱内定位板固连。

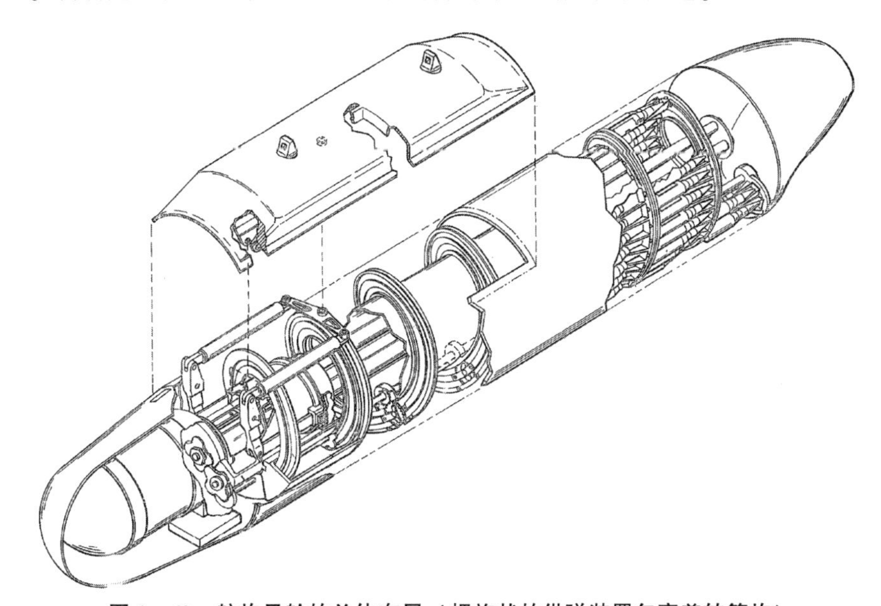

图 1－60　航炮吊舱的总体布局（螺旋状的供弹装置包裹着转管炮）

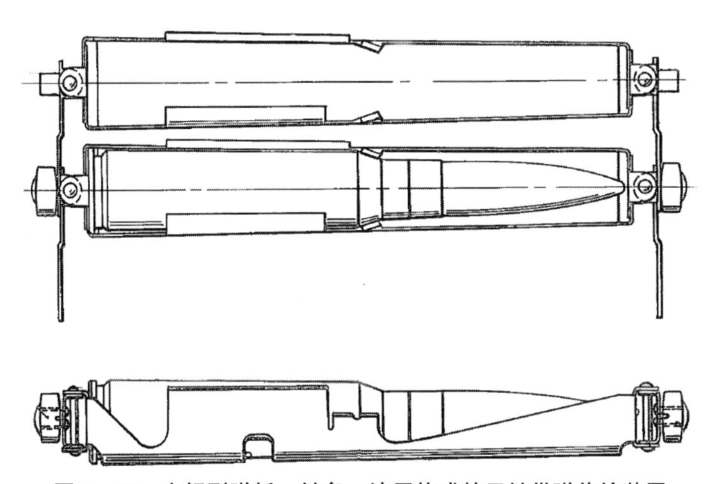

图 1－61　由轻型弹托、链条、滚子构成的无链供弹传输装置

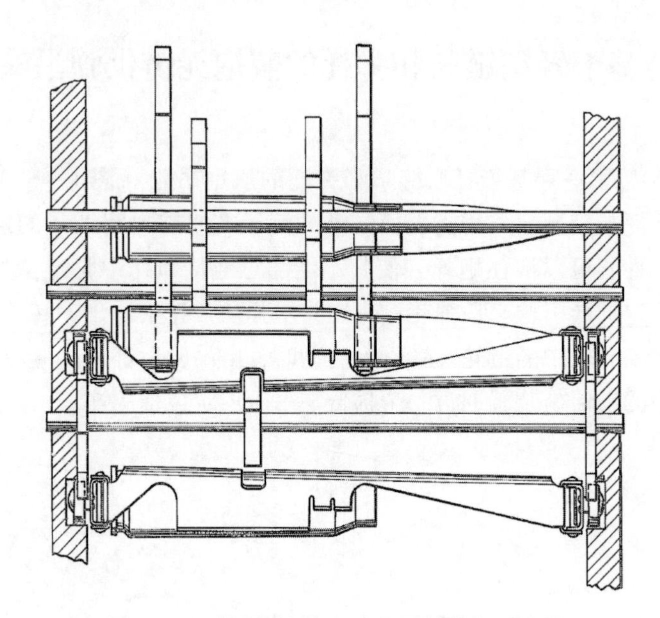

图 1-62 轻型弹托与固定导引块的相对位置

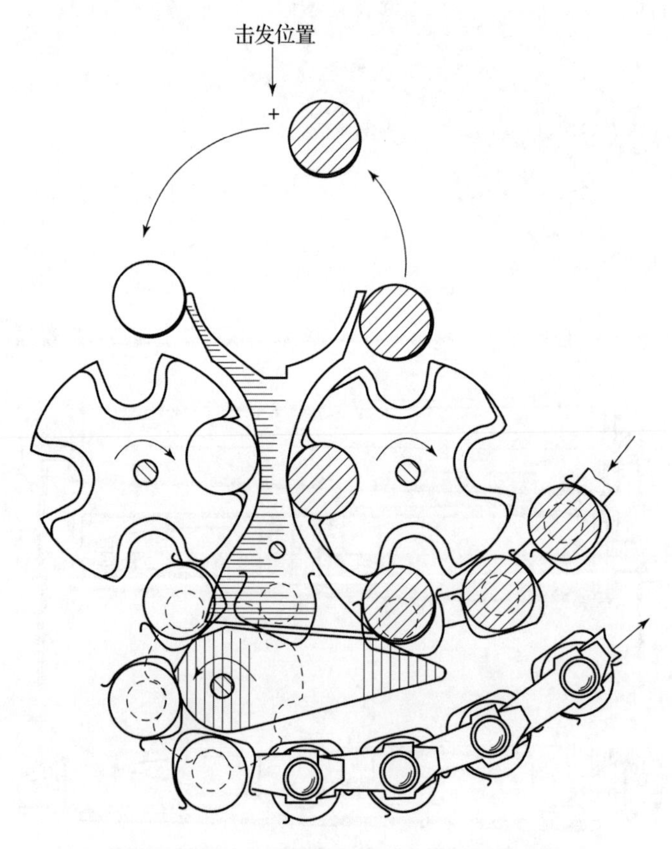

图 1-63 当前的航炮吊舱具备弹壳回收功能

解决问题：航炮系统对武器的体积和重量有着较高的要求，当前采用双层螺旋封闭循环的供弹布局形式，不仅可以节省较多的空间和重量，而且可以使整个吊舱的质心趋近于火炮后坐力作用点。

关键技术：基于轻型链条的螺旋形供弹装置：由轻型弹托、链条、滚子和螺旋导轨组成的无链弹供弹系统，使得整个航炮吊舱的重量大为减轻。

优势及劣势：螺旋状的供弹系统使得整个航炮吊舱结构紧凑、容弹量大。但是供弹装置螺旋状的布局不仅会导致自动炮安装和维护困难，还会增大自动炮启动时运行阻力。

适用环境：机载航炮及航炮吊舱，或其他对火力系统空间和重量指标要求很高的地方。

1.16　基于侧弯链条的无链供弹技术

Ignacek[17]构思了一款链条可以弯成弧形的无链供弹弹箱。如图 1－64 所示，双管炮的弹箱左右对称布置，悬挂在炮塔下边和炮塔一起回转；每个无链弹箱的扇形角均为 150°，内部使用链条、链轮和推弹杆驱动炮弹。

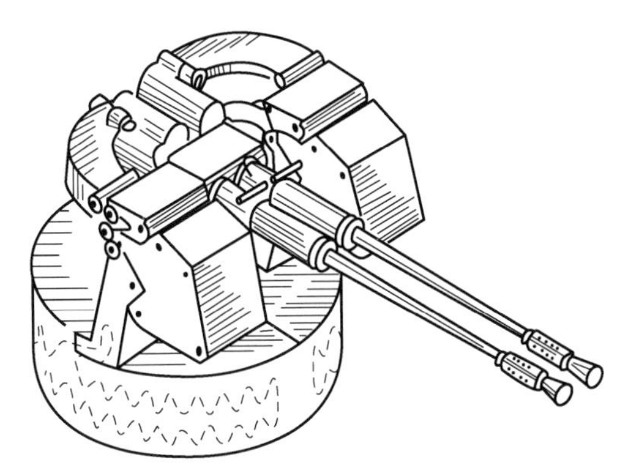

图 1－64　自动炮与供弹装置总体布局
（供弹路线：无链弹箱——扇形导引——火炮自动机）

解决问题：弹箱如果做成长方形的话，不利于提高炮塔内部的空间利用率；通过使用侧弯链条和弧形弹箱，不仅可以使用无链供弹技术，而且可以提高储弹密度和空间利用率。

关键技术：基于弧形链条的无链供弹技术：如图 1－65 和图 1－66 所示，利用内、外链板可以相对扭转（错动）一定角度的链条配合推弹杆，使炮弹的运动轨迹适应弹箱的轮廓外形。

优势及劣势：两个弧形弹箱组合成圆柱状的吊篮，悬挂在炮塔下方时可以提高塔内空间利用率；但基于侧弯链条的传输链因为链板之间的间隙过大，使用时会导致传输链快速磨损，进而改变弹的传输轨迹，最终降低整个供弹装置的可靠性。

适用环境：对射击速度要求不高的车载、舰载火力系统。

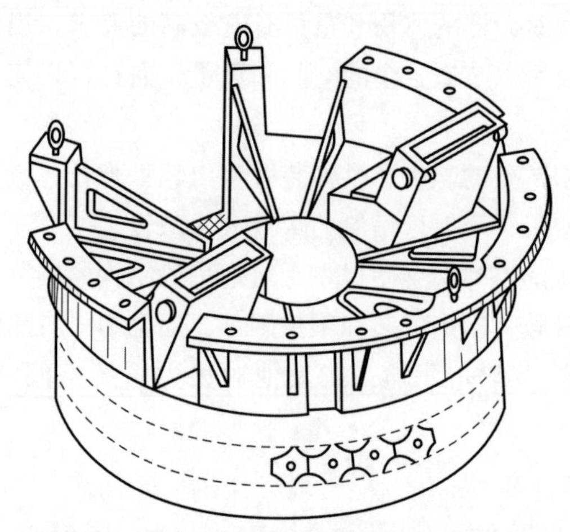

图 1-65 两个弧形无链弹箱组成的吊篮式弹箱

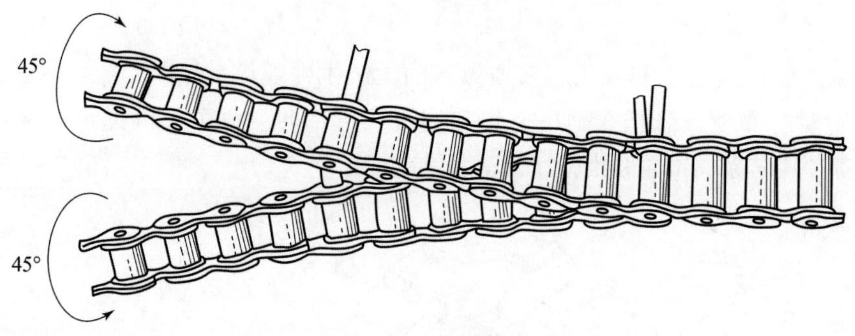

图 1-66 侧弯链条

第2章 基于螺杆和拨弹轮组的无链供弹技术原理

在供弹装置中使用螺杆的主要目的是定向、长距离的炮弹输送；螺杆配合导引（通道）等装置形成中间传输机构后，具有结构简单、传动比恒定等优点；但螺杆不宜过长，否则会增大螺杆的加工、装配难度，且螺杆自身的柔性也会影响炮弹的高速传输。

使用多个反旋向拨弹轮组合成拨弹轮组主要用于炮弹传输过程中的换向；使用多个同旋向拨弹轮组合成拨弹轮组主要用于炮弹的定向、短距离输送。基于拨弹轮组的传输机构一般用于小型或空间尺寸受限制的供弹系统，由于拨弹轮组由多组齿轮串联驱动，所以这类传输机构质量较重，长距离输送时传动效率较低。

本章前三节分析了基于螺杆的几种典型无链供弹装置结构组成与技术原理，取决于安装位置，这些螺杆的作用不尽相同；后三节分析了基于拨弹轮组的几种供弹装置结构组成和技术原理。

2.1 一种由螺杆驱动箱内弹夹的无链供弹技术

Oerlikon 公司的 Mosle[18] 论述了 GDF 双管 35 mm 高炮无链弹箱的结构与工作原理，其总体布局如图 2-1 所示。含有 7 发炮弹的弹夹被放入弹箱后，在链条卡爪的驱动下向下移动，和一对单头螺杆交接；单头螺杆卡住弹夹背后的凸起，将弹夹缓慢地向下推动的同时，使用一副带 2 个推弹齿的链传动装置（除夹链条）将炮弹从弹夹上推出来；炮弹被推出弹夹之后，进入一副带有 9 个推弹齿（卡槽）的链传动装置（拨弹链条）中，然后在导引通道的配合下，以涌弹的模式进入火炮进弹机。弹箱内部炮弹和自动机进弹口处炮弹的运动速度不同，因而该供弹装置是一种差速供弹装置。单管火炮的弹箱约存储 112 发待发炮弹，待发弹箱后方还有一个 126 发存储弹仓。

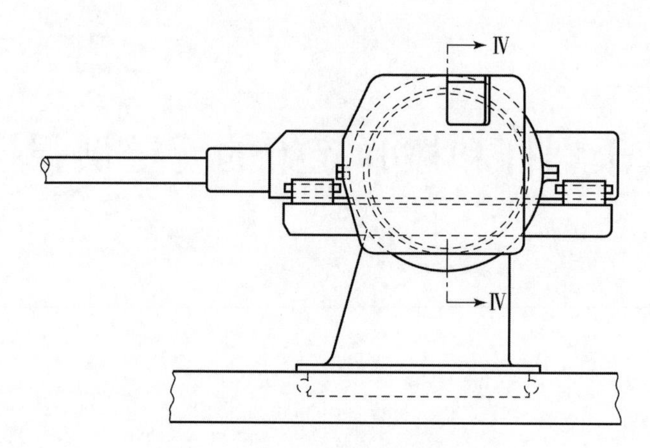

图 2－1　自动炮和弹箱的总体布局

解决问题：弹夹供弹时的排夹问题：如图 2－2 所示，弹夹中的炮弹在弹簧偏置卡爪的阻挡下只能单向运行；当炮弹被除夹链条全部推出后，弹夹在螺杆的驱动下从弹箱底部掉出弹箱。

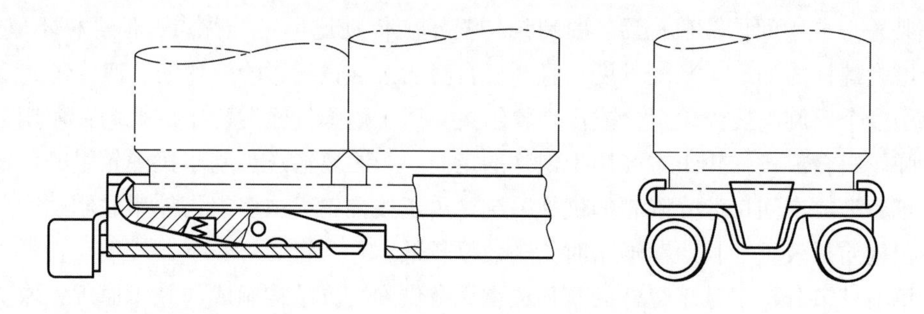

图 2－2　弹夹下面有滚轮和防止掉弹的弹簧偏置卡爪

关键技术：弹夹式储弹和螺杆、链条推弹综合技术：如图 2－3 和图 2－4 所示，整个供弹系统只有一个动力源，通过这一个动力源驱动整个供弹装置以各自的传动速度进行供弹；弹夹下移和除夹链条推弹同步进行，除夹链条的一个推弹齿推动当前弹夹的最后一发炮弹时，除夹链条的另一个推弹齿推动第二个弹夹的第一发炮弹。

优势及劣势：该供弹装置进弹路线短、运动惯量低、启动速度快，弹箱结构紧凑、补弹方便，但整体结构复杂、可靠性低；弹箱单向供弹，不可逆转退弹。

适用环境：车载、舰载平台的低射速火力系统。

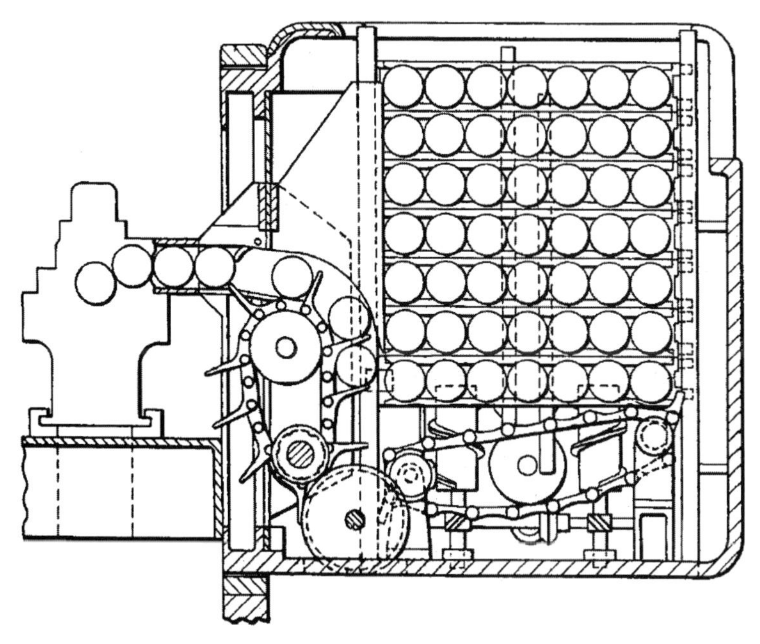

图2-3　供弹装置内的弹箱、除夹链条、拨弹链条及通道
(进弹路线：弹箱——除夹链条——拨弹链条——自动机的进弹口)

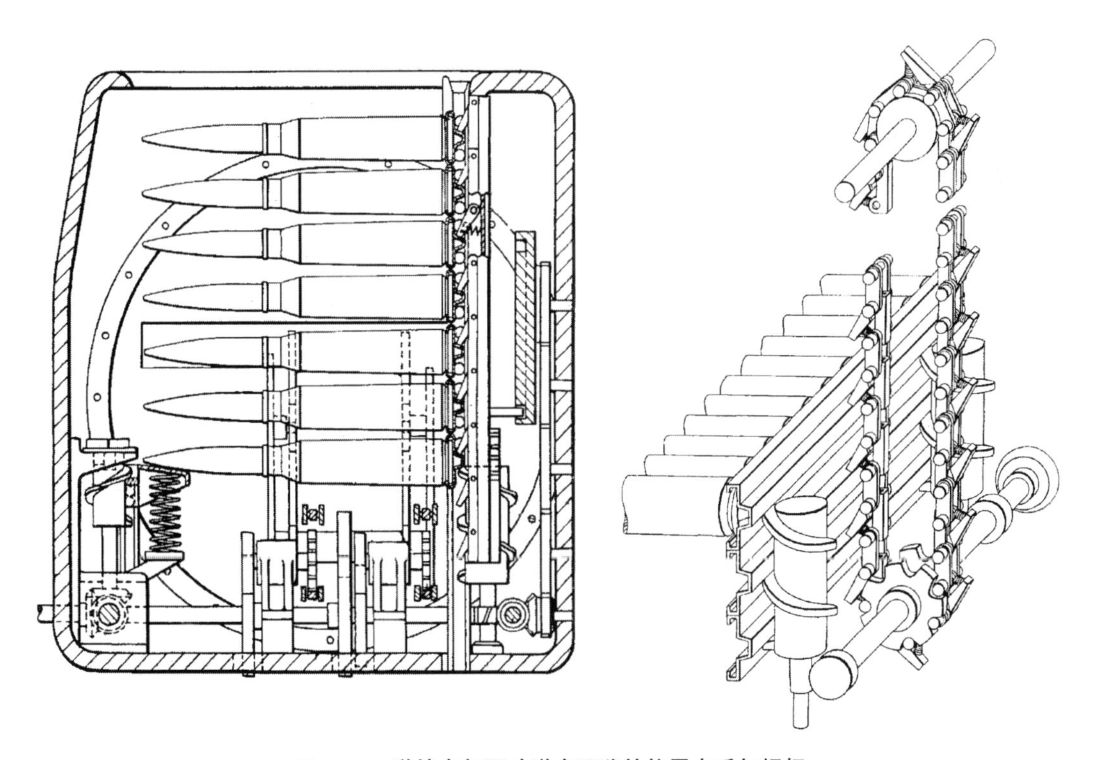

图2-4　弹箱内部驱动弹夹下移的偏置卡爪与螺杆

2.2 一种由螺杆驱动首层炮弹的无链供弹技术

Cozzi 等[19]介绍了两种首层炮弹被游动螺杆推送，然后进入闭合弹带或其他螺杆的紧凑型无链供弹弹箱；如图 2-5~图 2-7 所示，第一种无链弹箱的储存量较小（共计 4 排，每排 23 发，共存储 92 发炮弹），多排炮弹相互接触悬置在弹箱上箱板的 T 形槽中，驱动装置分出一路动力驱动左右螺旋凸轮实现游动螺杆的间歇性转动和间歇性进给运动，游动螺杆将弹箱中的首层炮弹推入一个闭合弹带；驱动装置分出另一路动力用于驱动闭合弹带，从而实现螺杆与闭合弹带在传输速度上的无缝衔接。如图 2-8 和图 2-9 所示，在第二种无链弹箱的布局形式中，游动螺杆及其游动拨弹轮将大容量弹箱中（共计 26 排，每排 47 发，共存储 1 222 发炮弹）的首层炮弹推入另一个固定螺杆，固定螺杆又将炮弹传输到闭合弹带之中，并最终将炮弹送入自动机进弹口。

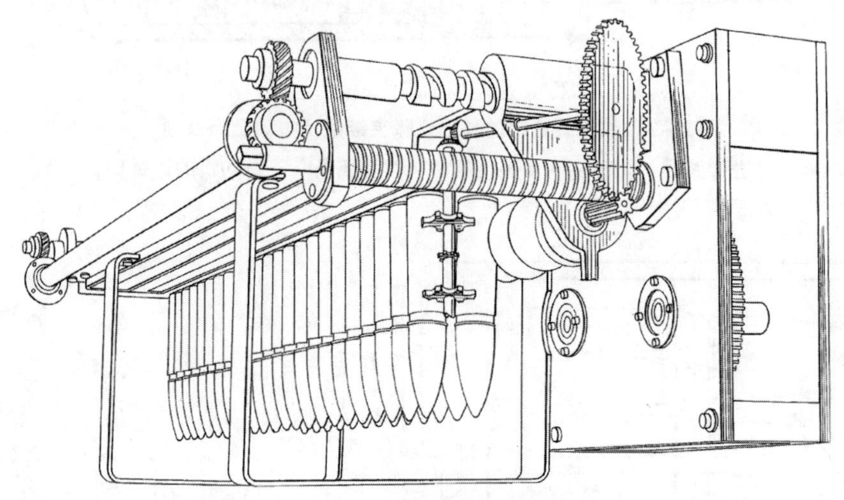

图 2-5 第一种无链弹箱的总体轮廓外观

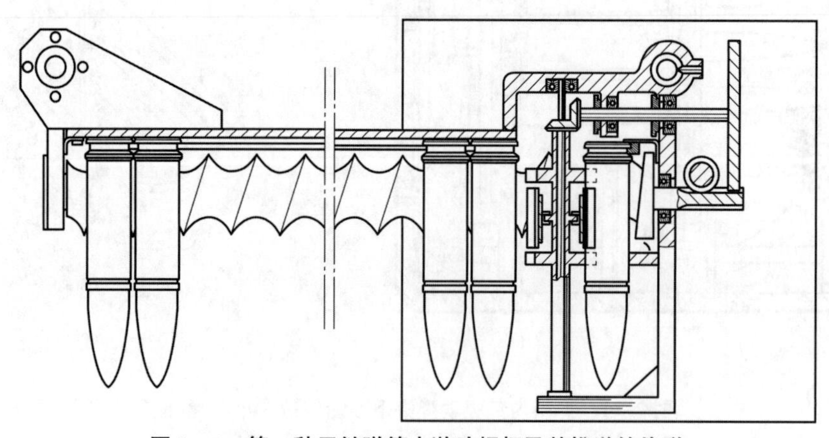

图 2-6 第一种无链弹箱中游动螺杆及其推送的炮弹

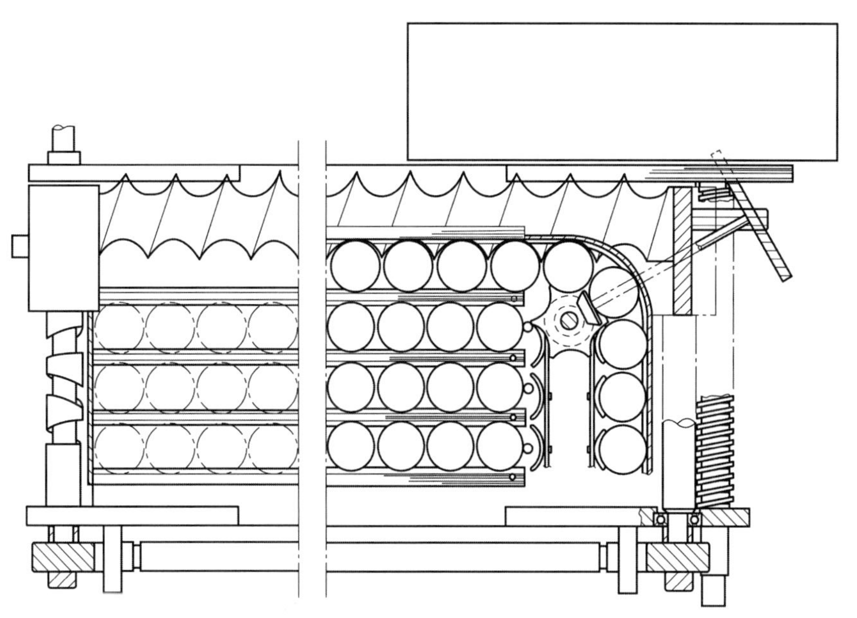

图 2－7　第一种无链弹箱的进弹路线（弹箱——游动螺杆——闭合弹带——自动机进弹口）

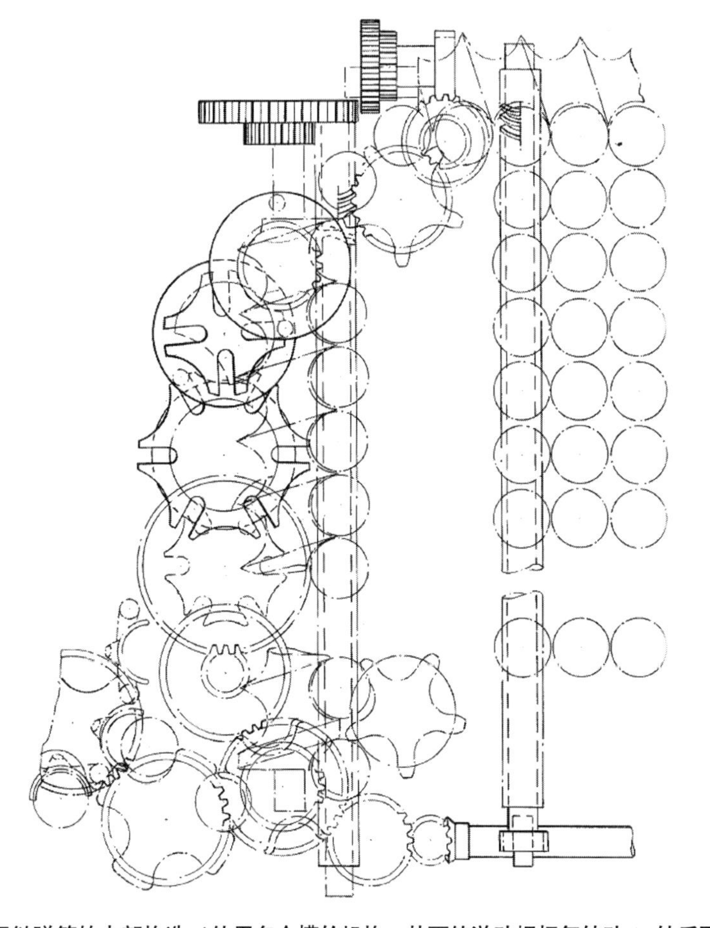

图 2－8　第二种无链弹箱的内部构造（使用多个槽轮机构，从而使游动螺杆每转动 47 转后再进给一个弹距）

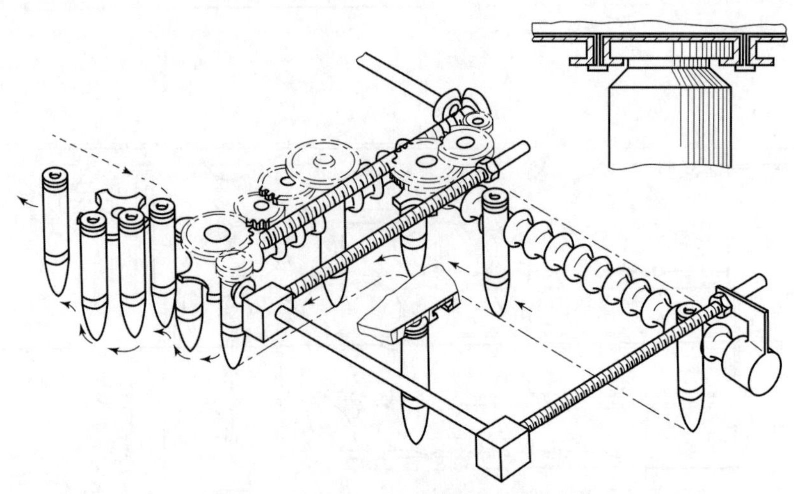

图 2-9 第二种无链弹箱的进弹路线
（弹箱——游动螺杆及其拨弹轮——固定螺杆及其拨弹轮——闭合弹带——自动机进弹口）

解决问题：箱式无链供弹的高密度储弹与快速供弹问题：炮弹之间相互接触并悬置在弹箱之内，使得炮弹之间的间距较小，有利于增大整个弹箱的储存密度；使用游动螺杆推动弹箱中的首层炮弹，可以降低整个供弹系统对驱动动力的需求，有利于提高自动炮的启动速度和火力系统的射速。

关键技术：游动螺杆推弹技术：通过在传动装置中使用多个槽轮，当前供弹装置实现了螺杆的间歇性转动和间歇性进给运动，从而将弹箱中前一排的最后一发炮弹与后一排的第一发炮弹无差速地衔接起来，并送入闭合弹带之中，实现了供弹装置的连续供弹。

优势及劣势：该无链供弹弹箱结构紧凑、装弹量大，内部炮弹差速运动有利于减小供弹装置的启动惯量、提高启动速度。但该供弹装置对炮弹的轮廓外形有要求，不适用于药筒锥度较大的炮弹，且整个动力传动序列过于复杂，异形的螺旋凸轮也比较难以制造。

适用环境：车载、舰载平台的紧凑型、中低射速火力系统。

2.3 一种基于螺杆的炮弹角度调整装置

埋头弹是一种圆柱形炮弹，炮弹在吊篮中转运时无须使用过于复杂的传输装置。针对横摆膛火炮的埋头弹在转运过程中需要调整角度的问题（图 2-10），Kennedy[20] 设计了基于螺杆和凸轮通道的炮弹角度调整机构。

解决问题：紧凑型供弹装置中，供弹的同时还需要调整炮弹的角度，以使弹头对准横摆膛火炮的膛孔。

关键技术：基于单螺杆的炮弹推送技术：如图 2-11 和图 2-12 所示，单头变直径螺杆配合凸轮通道，可以实现炮弹的低阻、大角度的连续传输。

优势及劣势：结构简单、可靠性高，无明显的劣势。

适用环境：车载、舰载平台的低射速火力系统，或其他需要角度调整的供弹装置。

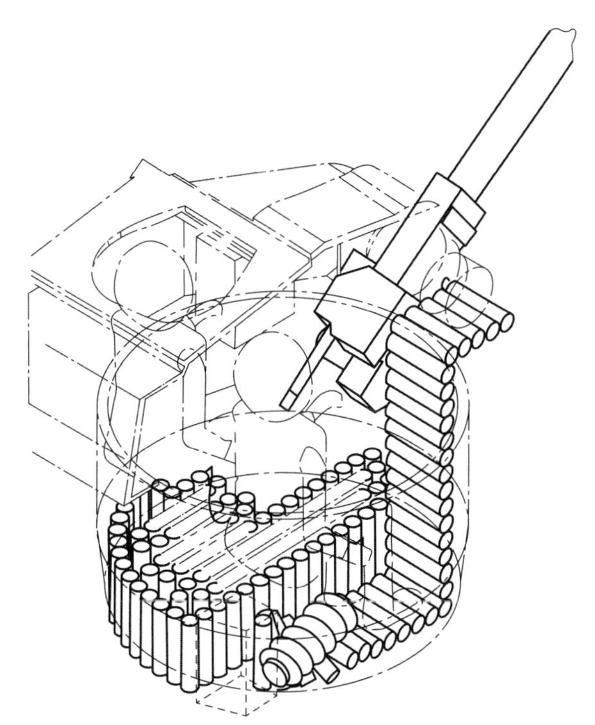

图 2-10　塔内的供弹系统与自动炮布局

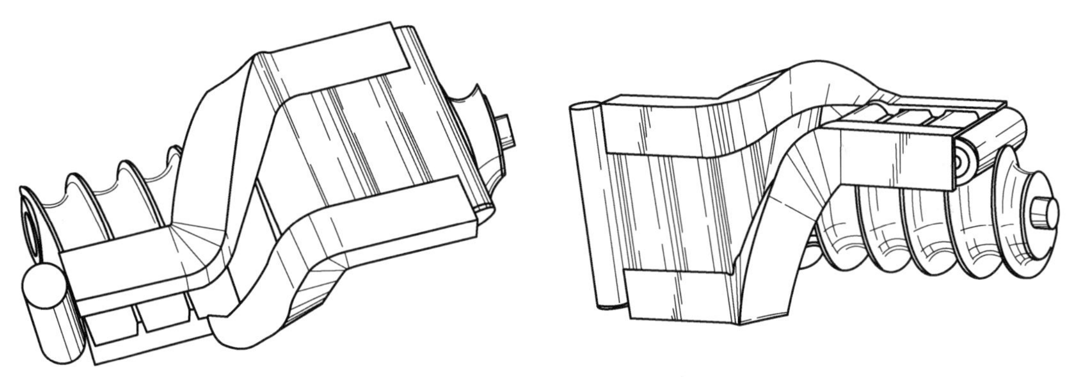

图 2-11　推送螺杆与凸轮通道的外观

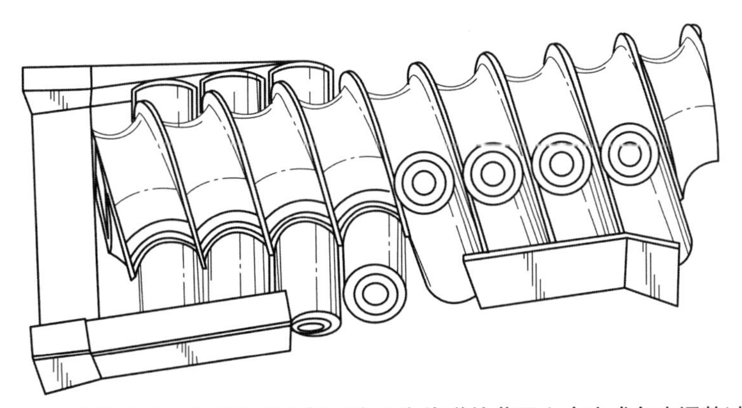

图 2-12　凸轮通道内部的推送螺杆（在 3 发炮弹的节距之内完成角度调整过程）

2.4 基于空间拨弹轮组的进弹口高低角调整装置

为了解决火炮高低角连续变化时结构紧凑型炮塔难以实现炮弹连续、可靠交接的问题，Golden[21]构思了一款基于空间交错拨弹轮组的角度调整装置。如图 2 - 13 ~ 图 2 - 15 所示，该装置装配在火炮耳轴盘之内，通过链条和无链弹箱联动；在火炮打高角时，不仅可以使炮弹旋转 90°，而且可以驱动无链弹箱，使得弹箱出口的炮弹始终处于角度调整装置的入口之处。

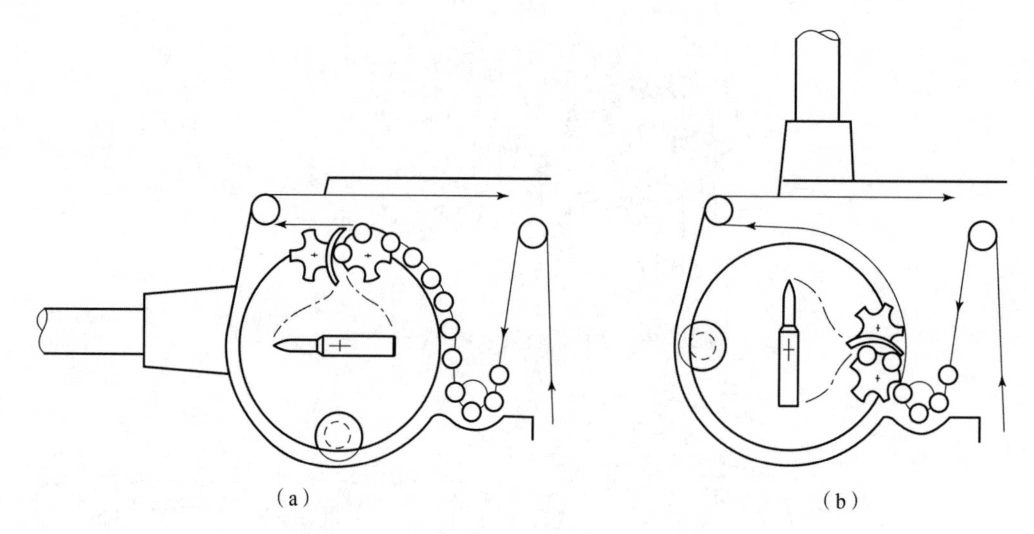

图 2 - 13 耳轴盘内的空间拨弹轮组与弹箱出口炮弹的高低角联动原理

(a) 平角；(b) 90°高角

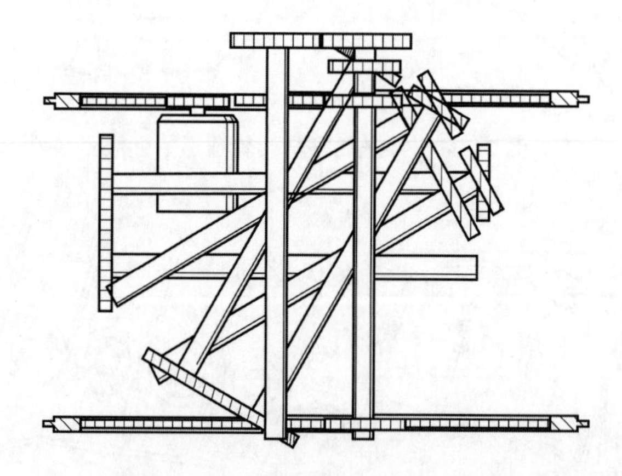

图 2 - 14 空间拨弹轮组的结构组成（4 对拨弹轮完成 90°的调整）

解决问题：当空间尺寸存在较大限制且无法使用软导引时，使用基于拨弹轮组的角度调整装置可以很好地解决自动机进弹口角度大幅度、连续调整的问题。

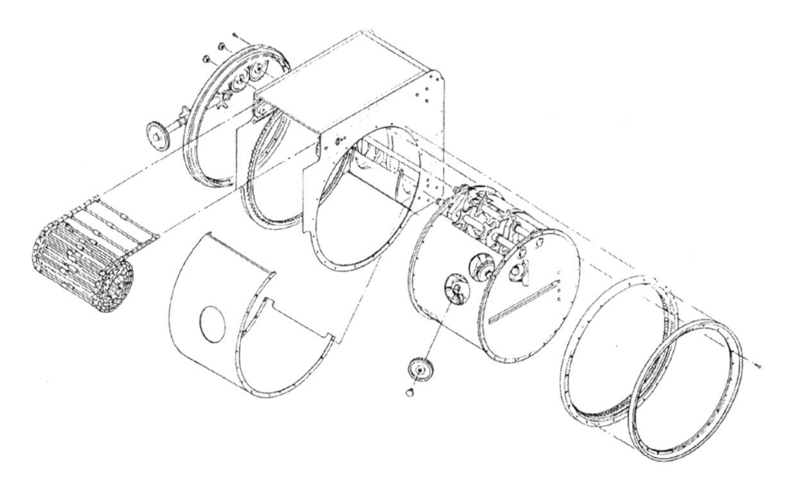

图 2－15　构成角度调整装置的主要零部件

关键技术：基于空间拨弹轮组的炮弹传输技术：如图 2－16 所示，装配于耳轴盘内的空间拨弹组，需要按照炮弹的运动轨迹设计好拨弹轮卡槽、导引条及拨弹轮背后传动斜齿轮，以实现炮弹角度的连续调整。

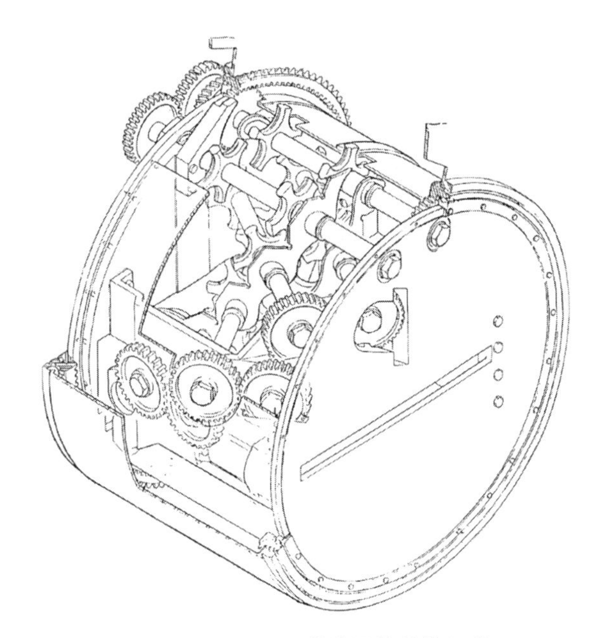

图 2－16　角度调整装置的结构组成

优势及劣势：结构紧凑，能够解决炮弹空间传输问题，但是拨弹轮及其附属导引条的制造和装配过程比较困难；与此同时，基于该技术的无链供弹弹箱还存在着进弹口高低角过程和自动机射击过程不能同时进行的问题。

适用环境：车载、机载平台等空间上存在较大限制，且弹箱出口与火炮进弹口理论上呈 90°交错角的火力系统。图 2－17 显示通用电气公司目前正在测试该技术。

图 2-17 带角度调整装置的链式炮与无链供弹弹箱（通用电气公司）

2.5 一种使用同旋向拨弹轮组的中转弹仓技术

为了解决中口径火炮多个弹种中转供弹的问题，Voillot[22] 构思了一种使用同旋向拨弹轮的中转弹仓。如图 2-18 所示，该弹仓配合上、下游通道能满足多弹种供弹需求。如图 2-19 和图 2-20 所示，通过控制相关凸轮和齿轮，实现了上、下游通道活门的开启和关闭，并同时控制中转弹仓的正、反转，从而最终实现弹种切换。为了适应火炮的高低角过程，中转弹仓出口设置了由链条和链轮构成的活动导引装置（图 2-21）。

解决问题：主要解决高射速、快速反应车载防空炮的多弹种供弹问题。

关键技术：中转弹仓的弹种切换技术：通过控制上、下游通道的齿轮和凸轮，实现了拨弹轮和导引的联动，再通过控制中转弹仓的正、反转，实现了中转弹仓内部的炮弹循环和弹种切换。

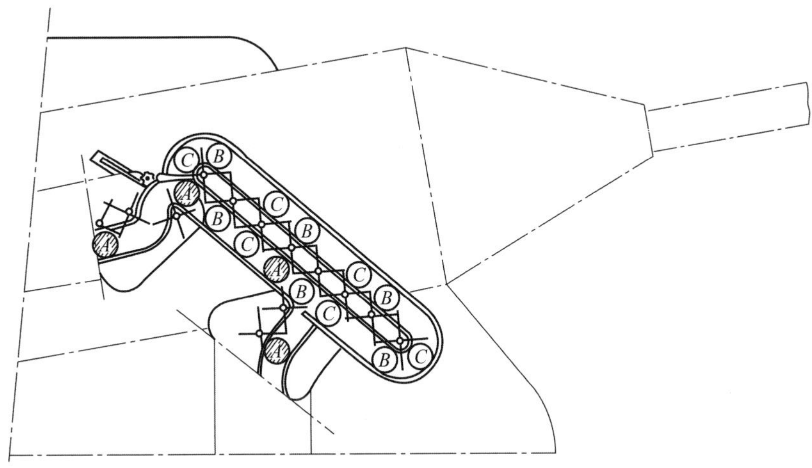

图 2－18　可存储多达 3 个弹种的中转弹仓及其在火力系统中的布局

（左上：下游导引，中间：中转弹仓，右下：上游导引）

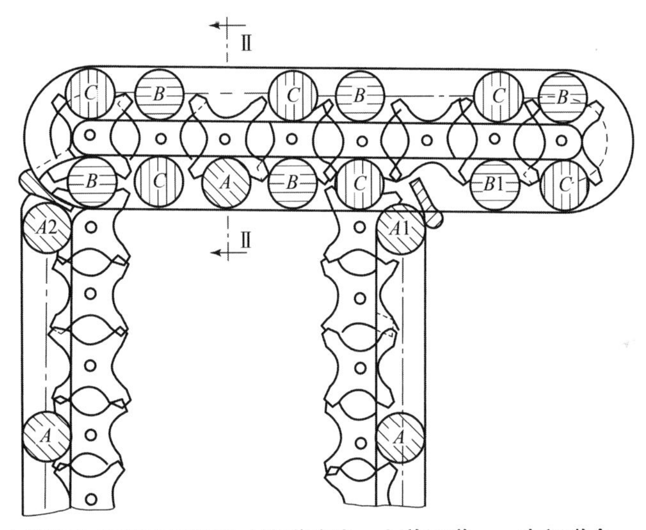

图 2－19　中转弹仓及其附属通道（进弹路线：上游通道——中间弹仓——下游通道）

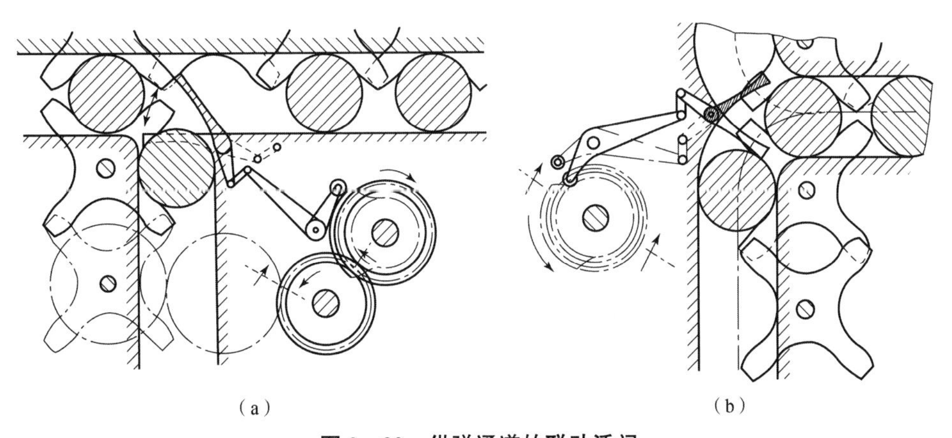

图 2－20　供弹通道的联动活门

(a) 上游通道；(b) 下游通道

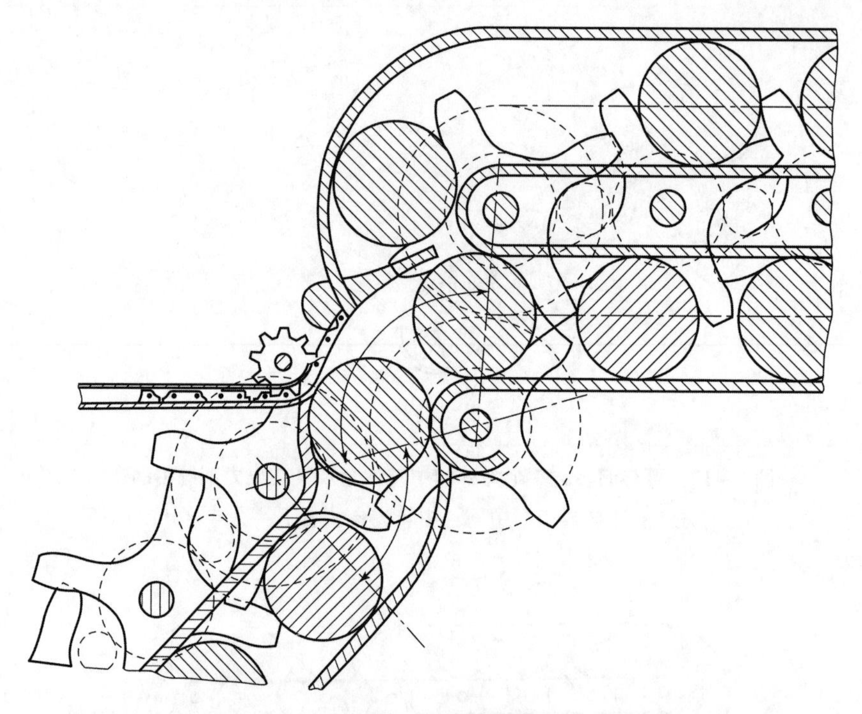

图 2-21 适应火炮高低角过程的活动导引装置（链条消隙装置）

优势及劣势：中转弹仓配合上、下游活门（通道），可以实现多个弹种的存储和传输；但弹种切换过程的控制逻辑比较复杂，而且中转弹仓容量较小，火力持续性较弱。

适用环境：车载、舰载平台的中、大口径防空火力系统。

2.6 一种使用同旋向拨弹轮组的无链供弹弹箱

Theron 等[23]设计了一种基于同旋向拨弹轮组的低速供弹装置。如图 2-22～图 2-24 所示，自动机两侧的供弹装置左右对称布置，主要由小容量弹仓和同旋向拨弹轮组构成。通过手动将一定数量的炮弹倒入弹仓后，同旋向拨弹轮将炮弹输送到自动机的进弹口。但供弹装置左右路切换过程和射速未知。

解决问题：针对低射速自动炮，设计了轻型、结构简易的供弹装置。

关键技术：同旋向拨弹轮组技术：小型弹仓中的炮弹依赖重力下落，同旋向拨弹轮组将落入的炮弹接住之后，逐步地将炮弹输送到自动机的进弹口。

优势及劣势：该供弹装置结构简单、易于维护。但射击过程中，小型弹仓中的炮弹依赖重力自由下落会导致供弹可靠性问题，而且该供弹装置无法反向退弹，易出现空弹位导致自动炮不击发。

适用环境：车载平台的低射速火力系统。

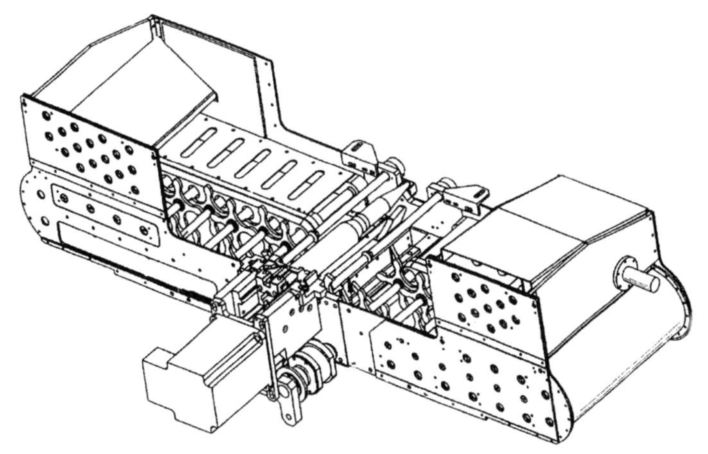

图 2－22　基于同旋向拨弹轮组的供弹装置整体布局
(进弹路线：小型弹仓——同旋向拨弹轮——中间自动机的进弹口)

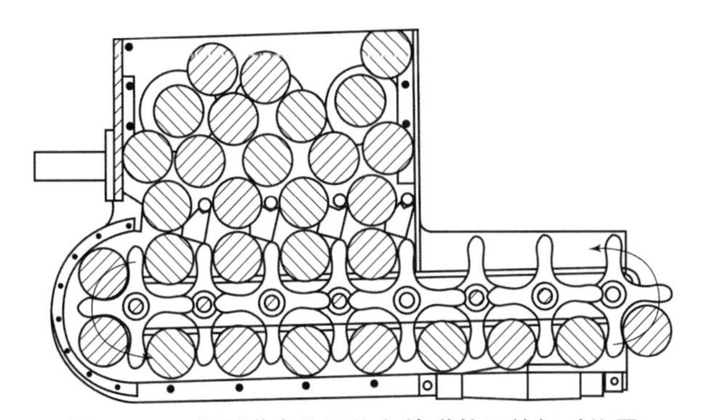

图 2－23　小型弹仓和同旋向拨弹轮组的相对位置

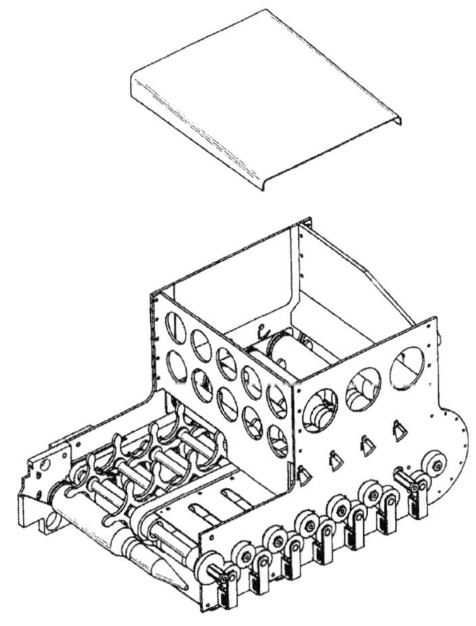

图 2－24　供弹装置的左半部分（同旋向拨弹轮组由右下侧的串联齿轮组驱动）

第3章 基于螺旋弹鼓的无链供弹及其变种技术原理

基于螺旋弹鼓的无链供弹装置是现代小口径近防系统的重要组成部分。它具有携弹量大、启动迅速、可靠性高等特点，因此被广泛应用于陆、海军的近防系统及机载高射速航炮系统之中。

螺旋弹鼓的特点是有一个旋转或者固定的螺旋体作为主动件或者相对运动件，来驱动整个弹鼓中的炮弹向出弹口移动。适应高速启停的螺旋弹鼓内部装配有基于行星齿系的加速装置，通过设计一定的传动比，可以将弹鼓内部炮弹的线速度降至出弹口炮弹的1/10左右，这极大地降低了弹鼓整体的启停惯量，有利于提高供弹系统的启动速度，减少火力系统的反应时间。

本章第一节介绍普通螺旋弹鼓的结构与工作原理，其中单一出口螺旋弹鼓不具备弹壳回收功能，而具备进、出口的螺旋弹鼓虽具备弹壳回收功能，但要设计防止弹壳再次进膛的传感器和弹鼓制动器；第二节和第三节介绍两种基于螺旋弹鼓的变种技术，这两种变种技术为了提高空间利用率和强调结构上的简易性，降低了对射速和启动速度的要求。

3.1 具备弹壳回收功能的螺旋弹鼓技术

20 世纪 50 年代，美国已经研制出射速高达 5 000 发/分钟的转管航炮，新的火炮对供弹系统提出了更高的要求，因此 Panicci 等[24]构思了可执行弹壳回收功能的高速无链供弹螺旋弹鼓。如图 3－1～图 3－7 所示，整个供弹装置由外鼓、内鼓、进口集弹盘、出口集弹盘、弹鼓进口进弹机、弹鼓出口进弹机、进口软导引、出口软导引、旁路软导引等部分组成。外鼓鼓壁的上端和下端分别固定有一个锥齿轮齿圈，鼓壁内侧固定有 35 个容弹导轨；内鼓由 4 个组件固连而成，分别为进口端出弹圆盘、螺旋柱、双头螺旋和出口端出弹圆盘；进口集弹盘和出口集弹盘均为一个由双面锥齿轮齿圈作为基底，其上铆接了 33 个推弹齿的环形零件；

进口软导引、出口软导引分别与弹鼓进口进弹机、弹鼓出口进弹机配合，执行弹壳回收和输送炮弹功能；旁路软导引用于输送弹托，与进口软导引、出口软导引联合形成一个封闭循环的弹托回路。供弹系统由液压泵驱动，和自动炮同时启动和制动。假如没有弹壳回收的必要，文中也给出了单一出口螺旋弹鼓的设计方案（图 3 - 8 ~ 图 3 - 10）。20 世纪 70 年代中期，通用电气公司的 Dix 等[25]和 Kirkpatrick[26]对弹鼓的螺旋片与导轨进行了结构上的优化设计，如图 3 - 11 和图 3 - 12 所示，这些改进使弹鼓的供弹可靠性大为提高。

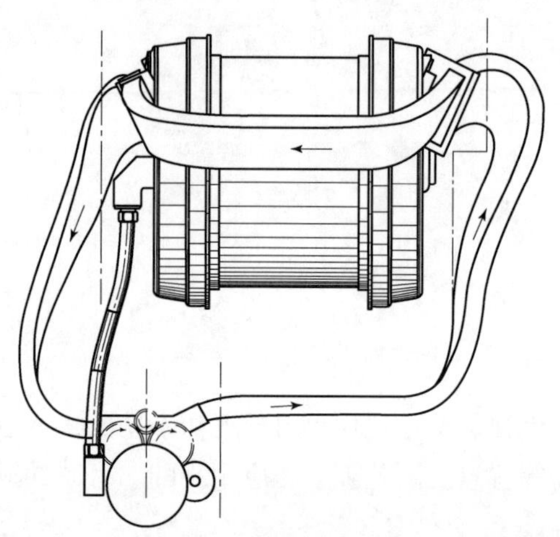

图 3 - 1　螺旋弹鼓、软导引和自动炮的总体布局（左端软导引输送炮弹，中间的旁路软导引循环输送弹托，右端软导引回收弹壳）

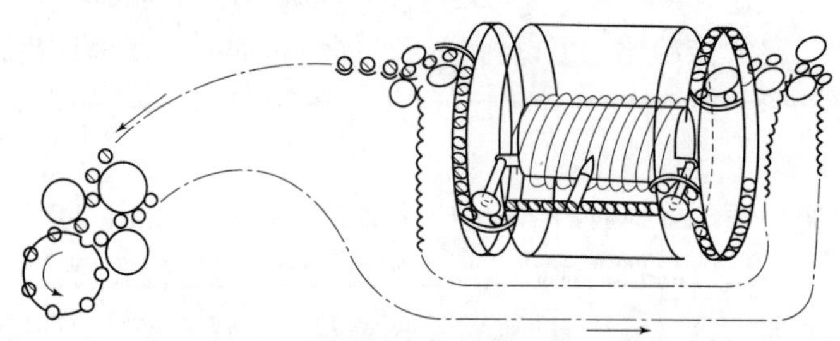

图 3 - 2　供弹装置与自动炮协同工作原理

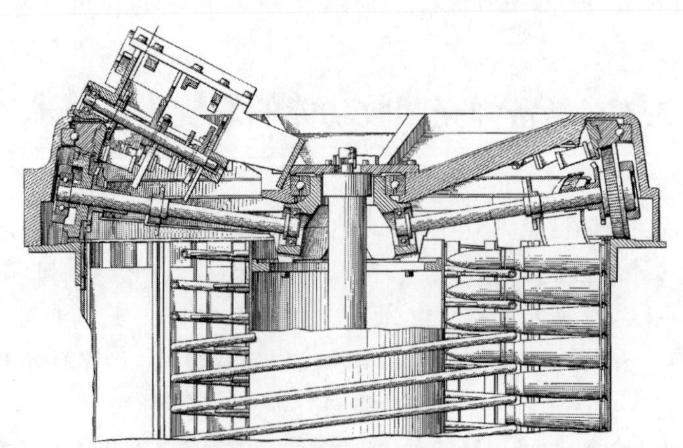

图 3 - 3　螺旋弹鼓的出口端（从上到下分别是弹鼓出口进弹机、端盖、出口集弹盘和内鼓的出弹圆盘、双头螺旋，外侧为外鼓的导轨，中间为内鼓的螺旋柱）

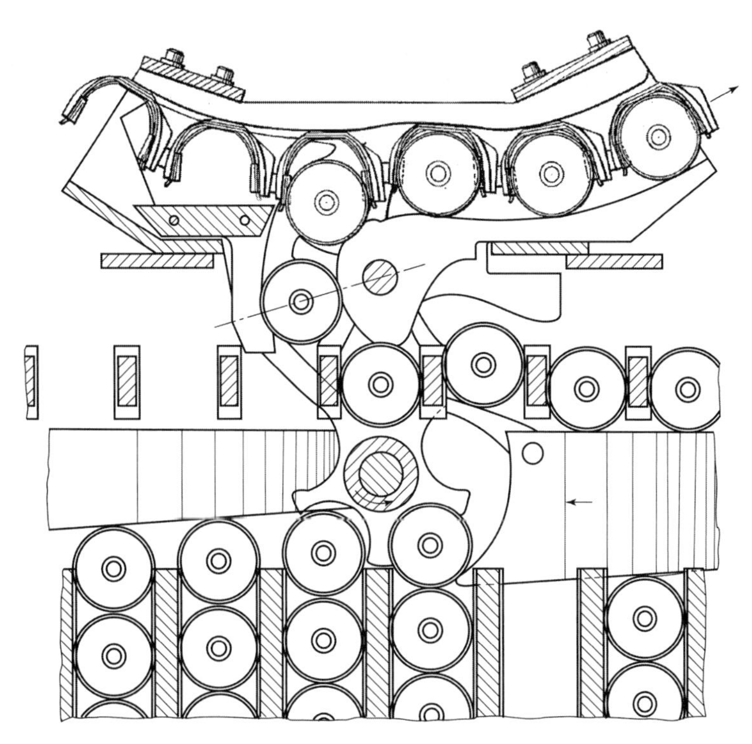

图 3－4　螺旋弹鼓的出弹原理（从下到上分别为：内鼓双头螺旋将外鼓导轨中的炮弹向弹鼓出口推动，直至导轨顶端；内鼓出弹圆盘上行星拨弹轮将弹拨入出口集弹盘，弹鼓端盖上的出口进弹机在导引条的配合之下，将弹从集弹盘中铲出并压入出口进弹机的软导引弹托之中）

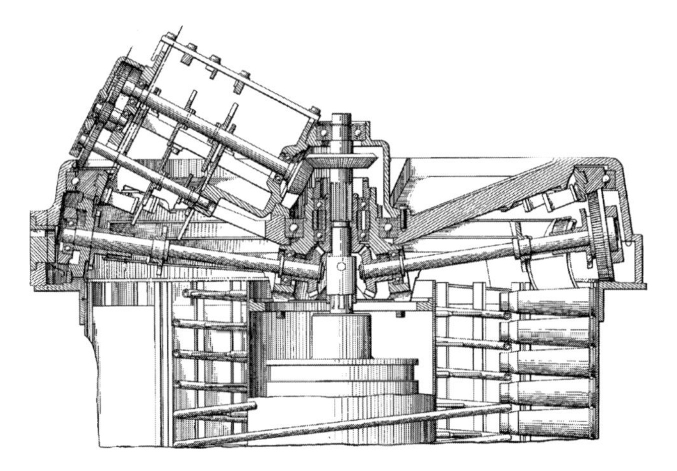

图 3－5　螺旋弹鼓的进口端（从上到下分别是弹鼓进口进弹机、端盖、进口集弹盘和内鼓的进口端出弹圆盘、双头螺旋，中间为内鼓的螺旋柱）

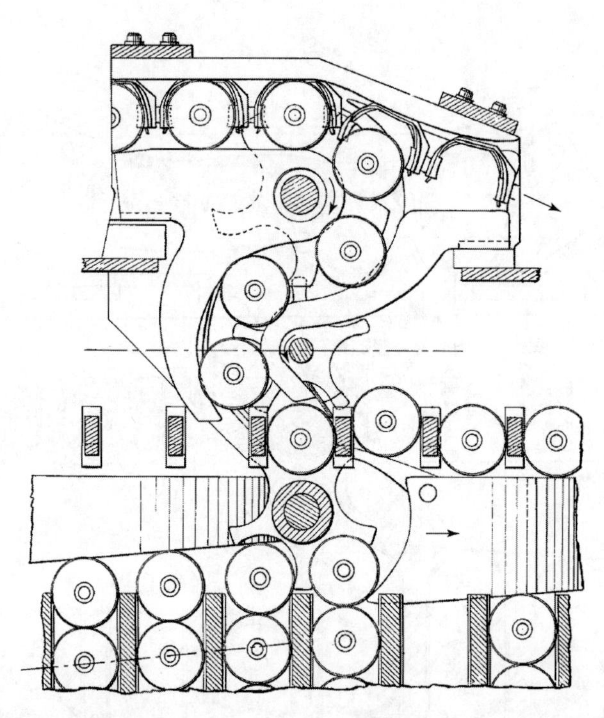

图 3－6　螺旋弹鼓的弹壳回收原理（从上到下分别是：弹鼓端盖上的进口进弹机在导引条的配合之下，将弹壳从软导引的弹托上抓取下来，经由过渡拨弹轮将弹壳送入进口端集弹盘；集弹盘在进口端出弹圆盘行星拨弹轮的配合之下，将弹壳压入外鼓的导轨之中，并在内鼓双头螺旋的驱动之下向弹鼓出口端移动）

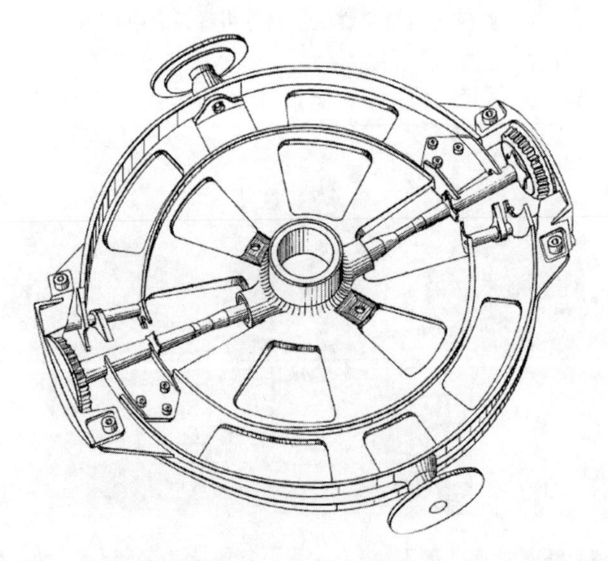

图 3－7　有 2 个导轮和 2 个行星拨弹轮的进口端出弹圆盘（出口端出弹圆盘结构与此基本相同）

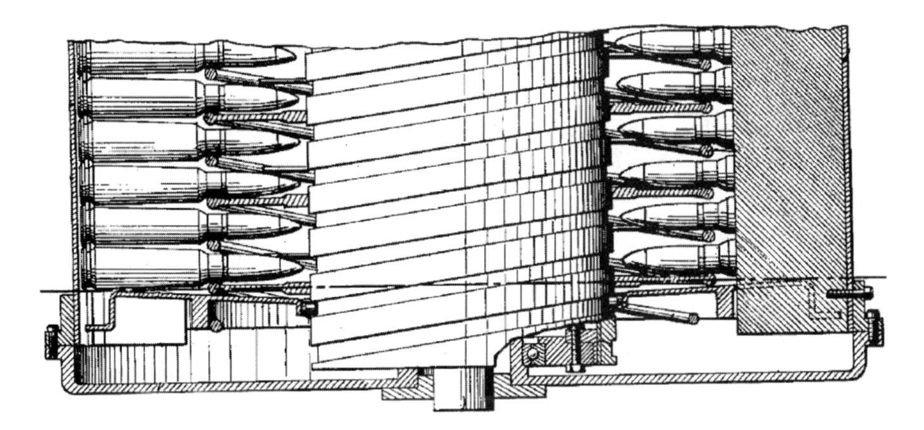

图 3－8　不回收弹壳的单一出口螺旋弹鼓

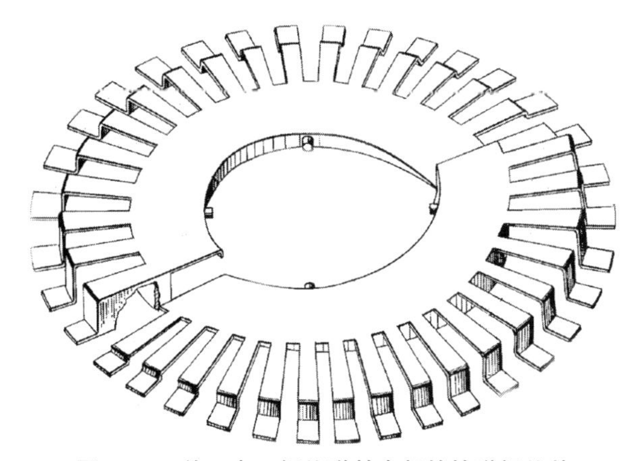

图 3－9　单一出口螺旋弹鼓内部的挡弹螺旋片

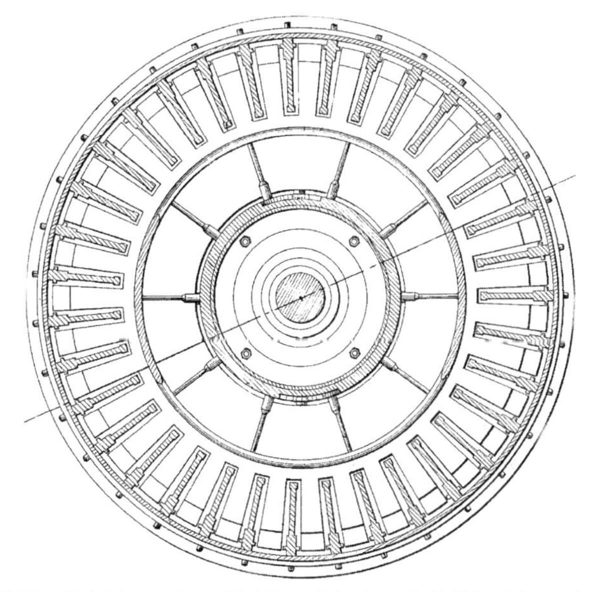

图 3－10　内鼓截面（外侧为 35 个容弹导轨，中间为双头推送螺旋杆，中心为内鼓螺旋柱）

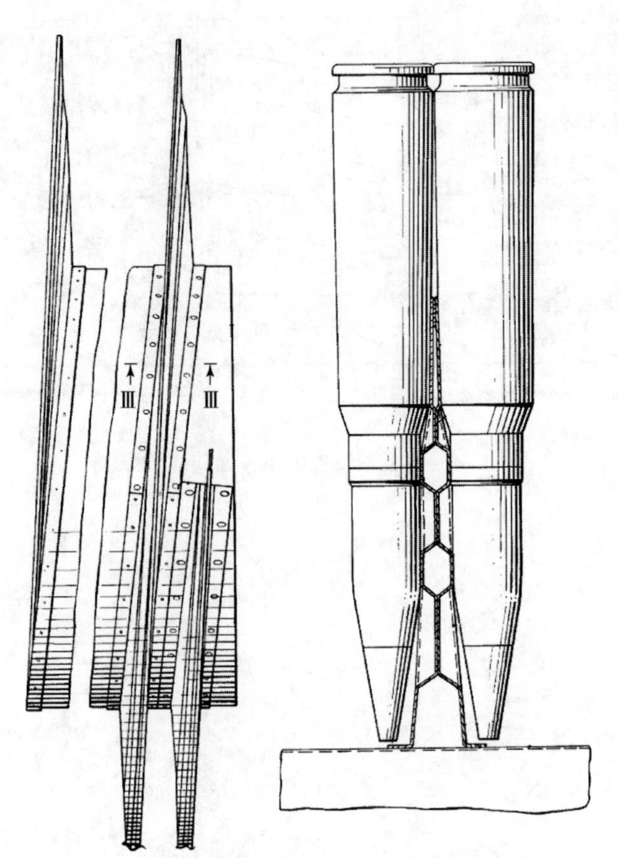

图3-11　螺旋弹鼓的改进之一：推弹双头螺旋片

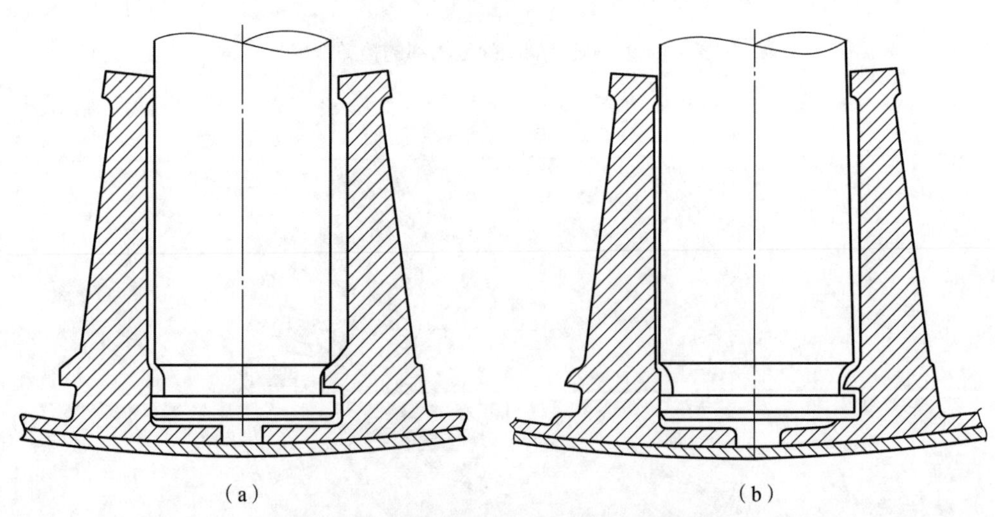

图3-12　螺旋弹鼓的改进之二：内鼓导轨

(a) 旧导轨结构；(b) 新导轨结构

解决问题：①高射速航炮和近程防御系统对供弹装置的装弹量、射速和启动速度要求较高，使用弹链式供弹装置时易造成启动瞬时弹链的变形和拉断，导致射击过程中断；②弹链式供弹装置的弹链节需要占据一定的空间，本身也有着一定的重量，而战斗机对航炮系统的空间和质量有着较高的要求；③为了避免射击后弹壳在高速抛出过程中击伤飞机本身，高射速航炮要能将射击后的弹壳和未击发的哑弹有序回收。综上所述，基于以上三方面问题，小口径高射速航炮系统需要配备高密度储弹、低惯量输弹、弹壳能有序回收，且不用弹链节的供弹系统。

关键技术：①鼓内高密度储弹及传动技术：弹鼓内部需要合理分配导轨、行星拨弹轮卡槽和集弹盘推弹齿的数量，并且需要根据以上参数的比例关系（传动比）构思基于行星齿轮系的传动系统，综合考虑以上两个因素后才能获得最优的鼓内储弹密度；②软导引及弹鼓进、出接口技术：进口软导引、出口软导引和旁路软导引在高速传输时分别输送不同的物体（炮弹、弹壳或者哑弹），且要适应自动炮进弹口在空间位置上的扭转角度，导引过长会占据较大的空间，导引过短则会增大供弹的阻力，因此导引和弹鼓进、出接口装置的优化设计是该综合技术的关键。

优势及劣势：具备弹壳回收功能的螺旋弹鼓，能够解决无链供弹航炮系统高速启停等问题，且弹鼓内部零部件数量少，自身可靠性高；但是基于弹鼓的无链供弹系统设计困难，制造成本很高。

适用环境：需要大容量、高密度储弹和高速供弹的车载、舰载近防系统和机载小口径航炮系统。

3.2　导轨旋转的螺旋弹鼓技术

通用电气公司的 Hougland 等[27]研制了一款适用于航炮吊舱的鼓式无链供弹装置。如图 3 – 13 所示，供弹装置是一个位于吊舱后方的中空的圆柱，航炮偏心布置于吊舱的前部。该无链供弹装置在原理上和普通螺旋弹鼓相似，均为内部装置旋转驱动整个供弹装置；炮弹倾斜布置在外层螺旋片和内侧导轨组成的分区之中，螺旋片固定不动，导轨旋转驱动螺旋片中的炮弹。每一个导轨的后端有一个慢速旋转驱动桨叶，前端有一个快速旋转驱动桨叶。炮弹进入前部的快速旋转驱动桨叶后，在弹底导条和导轨的强制作用下，使弹头指向自动炮炮口方向；然后在长拨弹轮、弹性螺旋导条等零件的配合下进入自动炮的进弹机。

解决问题：当火力系统对射速和启动速度要求不高时，可以简化螺旋弹鼓的设计。当前设计中没有集弹盘和出弹圆盘，这大大减少了供弹系统零部件数量，进一步提高了系统可靠性。

关键技术：①基于快、慢速桨叶的导轨技术：如图 3 – 14 和图 3 – 15 所示，炮弹呈 60°角倾斜布置于静止的螺旋片与导轨之中，在导轨的后慢速桨叶和前快速桨叶驱动下，改变弹头方向并进入螺旋导条；②基于长拨弹轮与螺旋导条的进弹调节技术：在自动机后坐时，五卡槽的长拨弹轮与弹性螺旋导条配合使用，使炮弹在长拨弹轮和弹性变形螺旋导条组成的通道内滑动，以适应自动机的前冲和后坐过程。

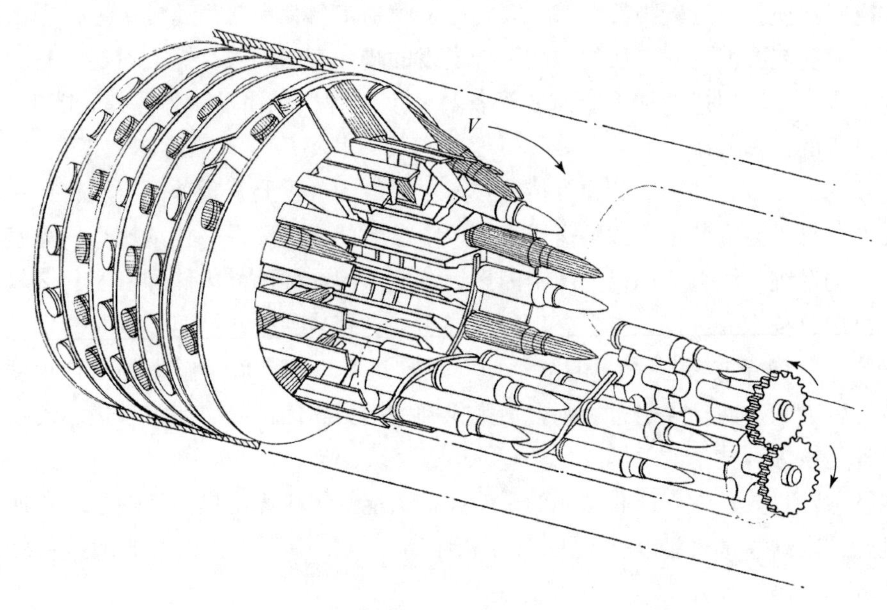

图 3－13　航炮吊舱的总体布局（吊舱后部是供弹装置，中间为长拨弹轮与弹性导条，前部为自动机进弹机拨弹轮。进弹路线：吊舱后部倾置螺旋——炮弹姿态校正通道——长拨弹轮与导条通道——自动机进弹机拨弹轮。）

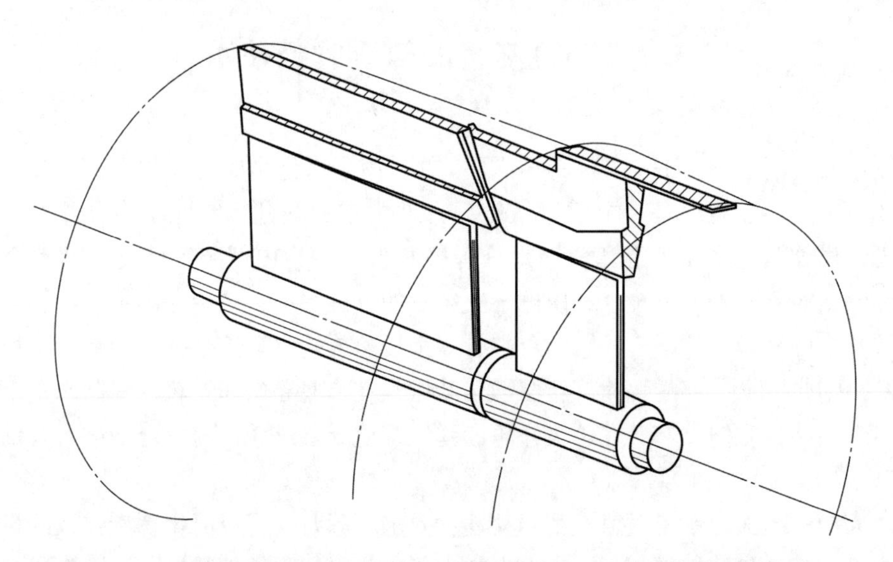

图 3－14　驱动炮弹的桨叶（长的为慢速旋转桨叶，短的为快速旋转桨叶）

优势及劣势：结构简单；炮弹倾置后在一定程度上可以减小吊舱直径，并提高容弹密度；但是没有行星齿轮作为加速装置，该供弹装置的供弹速度不会很高。

应用前景：适用于机载航炮吊舱，对身管方向加以改动之后可以应用于其他平台的火力系统之中。

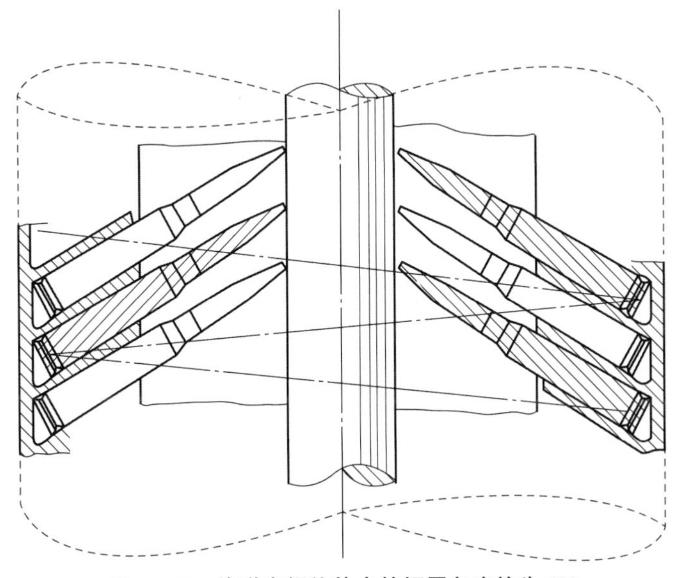

图 3-15　炮弹在螺旋片中的倾置角度约为 60°

3.3　弹托旋转的单一螺旋供弹装置

中大口径机枪系统目前正在向自动化和无人化方向发展，但机枪的无链供弹是一个比较难以解决的问题。通用电气公司的 Folsom 等[28]构思了一款具有椭圆形轮廓外观的高密度无链供弹装置。如图 3-16～图 3-18 所示，该无链供弹装置在原理上和普通螺旋弹鼓相似，均为内部机构旋转驱动整个供弹装置。椭圆形外壳的内壁上固定有一条螺旋槽，用于容纳炮弹的弹尾；由长销轴串起来的长弹托形成一个封闭的椭圆圆环，用于容纳弹头；在链轮的驱动下，弹托回转驱动螺旋槽中的炮弹沿着长弹托向供弹装置出口运动。供弹装置一端是封闭的，另一端有驱动电机、传动齿轮和进出口拨弹轮等装置，通过一个导引通道和自动机进弹口相连。

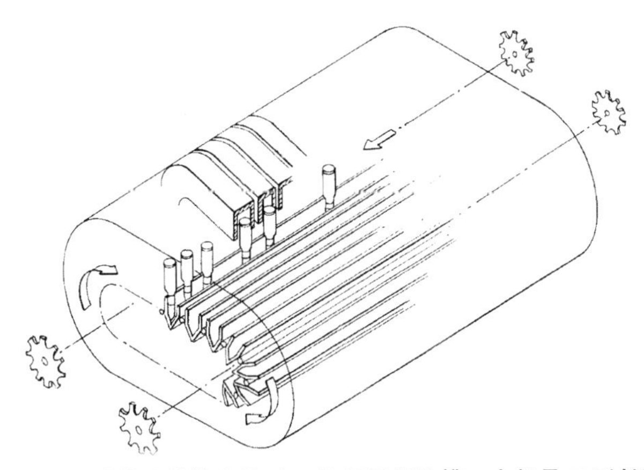

图 3-16　供弹装置的轮廓外形（外部是螺旋槽，内部是 V 形长弹托）

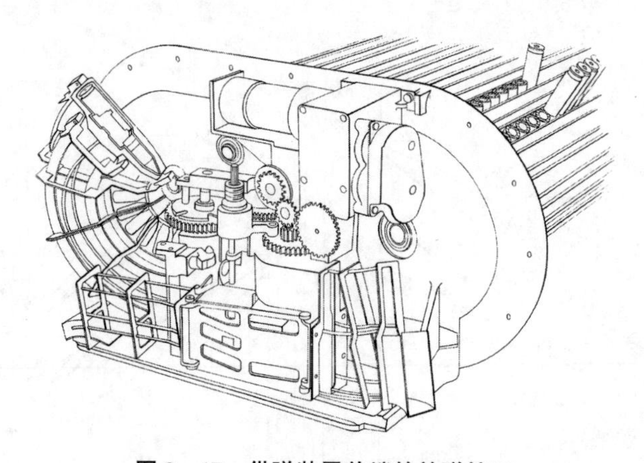

图 3-17　供弹装置前端的补弹接口

（整个供弹装置由电机驱动，供弹路线：弹箱——出弹口拨弹轮——过渡拨弹轮——导引通道）

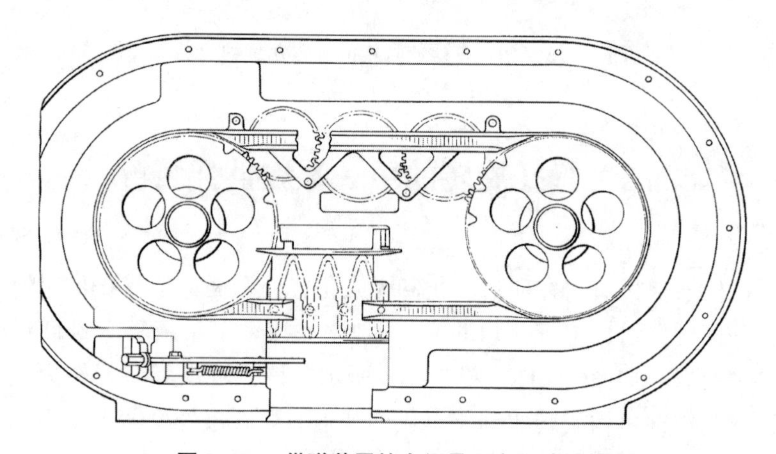

图 3-18　供弹装置的中间是两个驱动链轮

解决问题：直接借用小口径自动炮的无链供弹技术，可能会导致无链供弹弹箱的储存密度较低，而当前椭圆形供弹装置的空间利用率和容弹量均有着较大程度的提高。

关键技术：基于单一螺旋通道的新型无链供弹技术：如图 3-19 所示，类似链条的 V 形长弹托在前后 4 个链轮的驱动下回转，并驱动炮弹在矩形截面的螺旋槽和长弹托中线性运动。长弹托的强度决定了容弹量的多少，螺旋槽的倾角和供弹装置内部的摩擦系数对供弹速度影响很大。

优势及劣势：无链供弹装置内部的零件数量很少，供弹过程的可靠性较高。但是整个供弹装置的供弹速度和容量取决于 V 形长弹托的强度，因此该技术只适用于大口径机枪弹等弹药的储存和传输。

适用环境：海、陆平台等中大口径机枪及其他低速小口径自动炮。

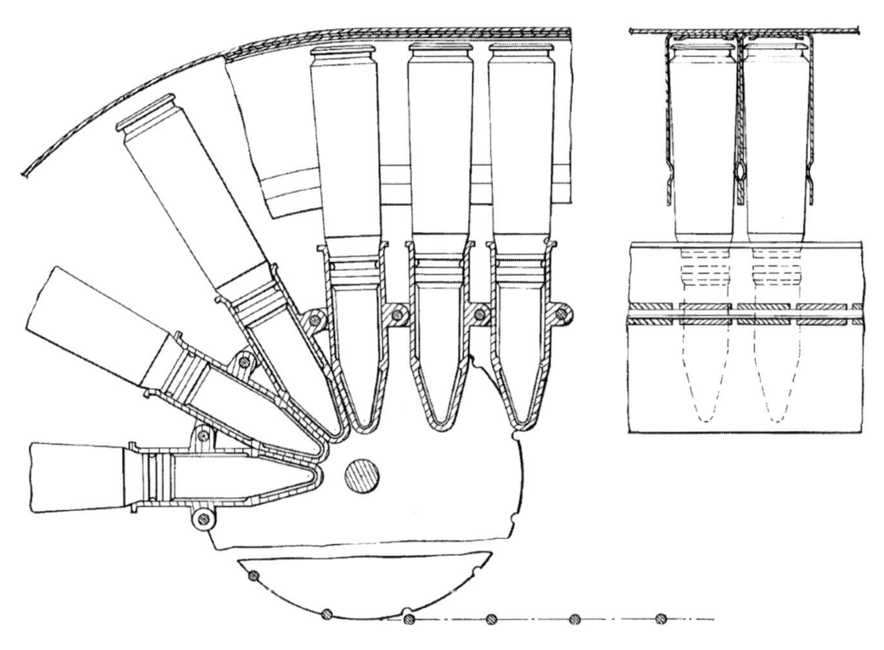

图3-19 长弹托和导轨的截面外形

第 4 章 基于集弹盘的无链供弹技术原理

集弹盘是一种基于行星齿系的差动供弹装置，嵌入周向回转座圈或高低耳轴之后，主要用来解决自动炮在连续周向回转运动或高低俯仰运动时的供弹问题；对其进行改进之后，也可以作为一种启停自适应装置来提高供弹系统的启动速度和减少停射制动时间。

本章第一节介绍基于无链供弹的单、双层集弹盘的结构与工作原理，这两种集弹盘作为接口装置可以使供弹系统适应炮塔和自动炮耳轴的周向回转与高低俯仰；第二节介绍一种弹头朝外的双层集弹盘技术，这种集弹盘的主要功能是适应活动出口的大范围转动、提高供弹系统的启动速度和减少停射制动时间；第三节介绍一种功能更为丰富的变种集弹盘技术，这种集弹盘除了具备以上集弹盘的所有功能之外，还具备自动调节功能，只是弹头方向朝上。

4.1 弹头朝内的单、双层无链供弹集弹盘技术

Dix[29]介绍了一种可适应转管炮连续周向回转运动和高低角俯仰运动的单、双层集弹盘技术。如图 4 - 1 ~ 图 4 - 3 所示，该技术装置可以将炮弹从一个固定入口输入，并从另一个活动出口输出。其中最关键的是双层集弹盘技术，其结构比单层集弹盘复杂，但功能也更丰富。双层集弹盘本质上是一种基于行星齿系传输装置，如图 4 - 4 所示，它的一端是带单面齿圈的固定盘和双面齿圈，另一端是双面齿圈和带单面齿圈的旋转盘，中间有可旋转的差动盘，差动盘上的大差动轮和固定盘、旋转盘上的单面齿圈啮合；差动盘上的小差动轮和两侧的双面齿圈相啮合（双面齿圈上带有推弹齿，用于限制炮弹或者药筒）。集弹盘出口端刚导引上的齿轮驱动集弹盘一侧的双面齿圈旋转，进而驱动小差动轮；小差动轮驱动另一端双面齿圈，另一端双面齿圈驱动供弹系统中的其他导引。当火炮改变高低射

角或周向方位角时，进弹口会带动活动的旋转盘转动，进而驱动大差动轮旋转并驱动上、下双面齿圈，从而使炮弹在旋转盘和上、下双面齿圈形成的隔室空间中连续运动。

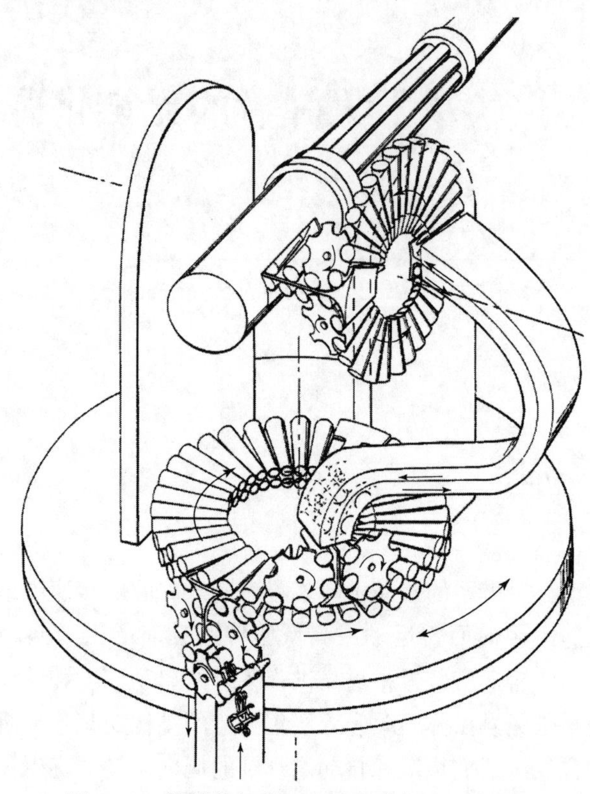

图 4－1　转管炮与单、双层集弹盘的总体布局

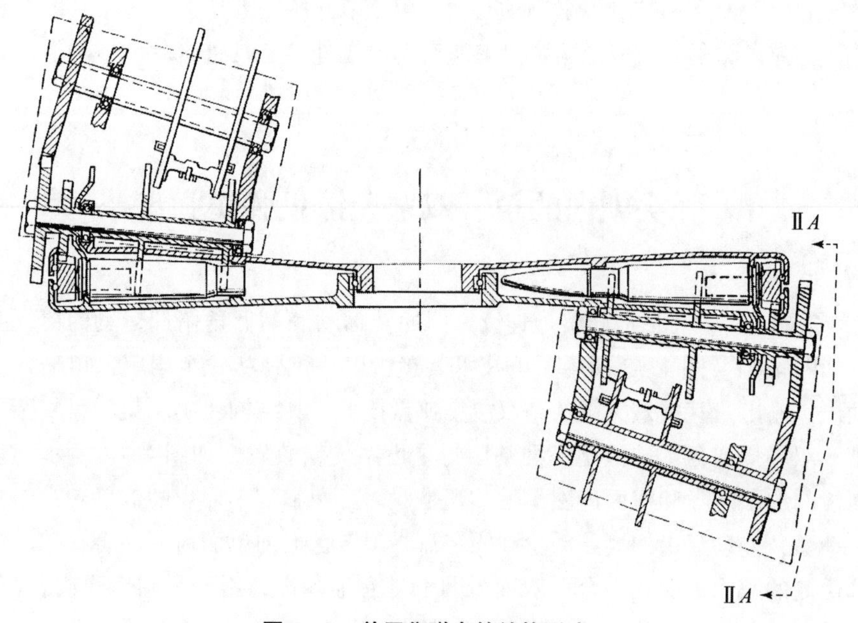

图 4－2　单层集弹盘的结构形式

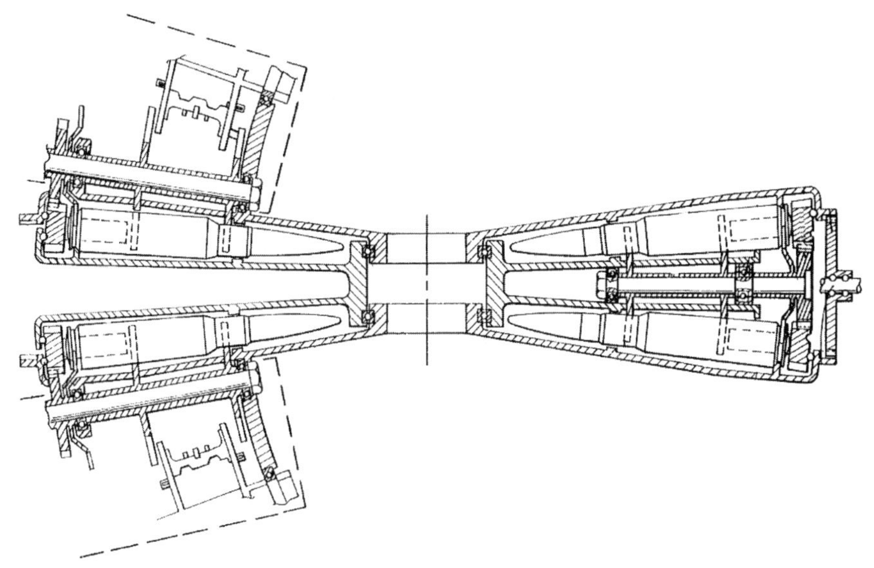

图4-3　基于行星齿系的双层集弹盘的结构形式（从上至下分别是出口接头、带单面齿圈的旋转盘、双面齿圈、中间差动盘、双面齿圈、带单面齿圈的固定盘和进口接头）

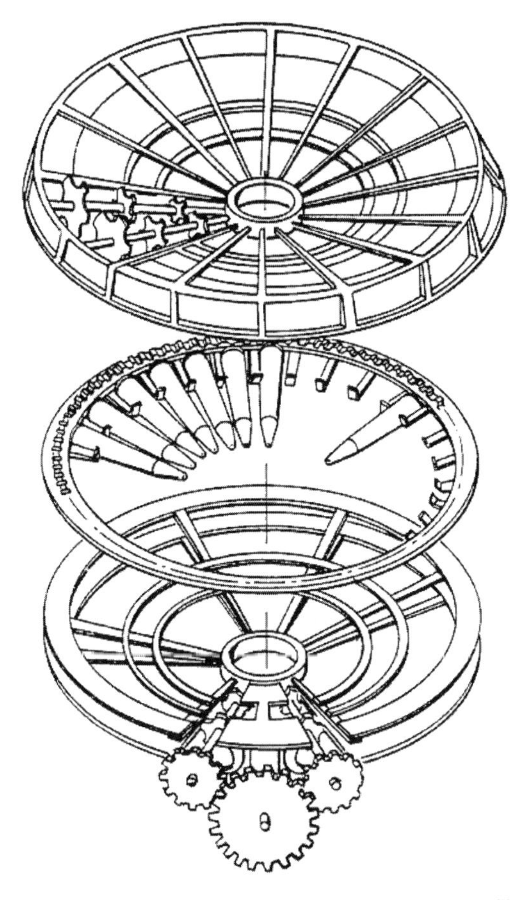

图4-4　基于行星齿系的双层集弹盘的主要组件（从上至下分别是带单面齿圈的旋转盘、双面齿圈、中间差动盘、双面齿圈、带单面齿圈的固定盘）

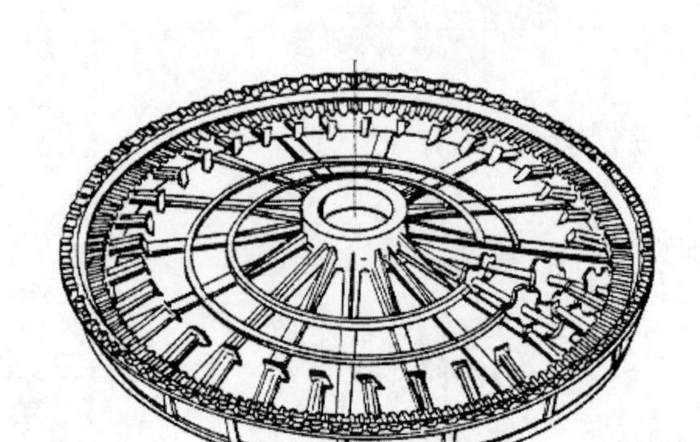

图 4-4 基于行星齿系的双层集弹盘的主要组件（从上至下分别是带单面齿圈的旋转盘、双面齿圈、中间差动盘、双面齿圈、带单面齿圈的固定盘）（续）

解决问题：当软导引的可靠性不高或无法使用软导引时，集弹盘主要用于解决火炮进弹口高低俯仰运动或自动炮整体回转运动过程中的连续供弹问题。

关键技术：单、双层集弹盘技术：基于行星齿系的集弹盘需要根据火力系统的整体结构参数及炮弹外形参数，优化设计行星齿系的传动比和盘中炮弹数量等参数，从而实现活动端口的自由旋转和供弹系统的连续供弹。

优势及劣势：作为一种无链供弹技术，集弹盘可适应自动炮的连续高低俯仰和回转运动；但是配合自动炮俯仰运动的集弹盘必须采用基于大耳轴的上架布局，导致火力系统占据空间较大；同时，配合炮塔回转运动的集弹盘因为集弹盘本身不能整圈回转，所以自动炮也不具备连续整圈周向回转射击的功能。

适用环境：车载、舰载平台的小口径、高射速火力系统。

4.2 弹头朝外的双层无链供弹集弹盘技术

Meyer[30]论述了一种弹头朝外的无链供弹集弹盘的结构和工作原理。如图 4-5～图 4-7 所示，该集弹盘在结构上和上一节弹头朝内的双层无链供弹集弹盘类似，配合大容量无链供弹螺旋弹鼓使用，主要用于高射速机载航炮系统之中。

解决问题：无链供弹集弹盘的活动端出口与自动炮的进弹导引衔接，使航炮具备周向大范围扫射的功能；由于集弹盘中的差动盘不固定，供弹系统启、停时，差动盘可自由旋转以适应供弹系统的快速启动和制动。

关键技术：集弹盘技术：基于行星齿系的集弹盘需要根据火力系统的整体结构参数及炮弹的外形参数，优化设计行星齿系的传动比和盘中炮弹数量等参数，从而实现供弹系统的连续进弹和快速启停。

优势及劣势：作为一种差速供弹装置，该无链供弹集弹盘可实现活动端口的大范围周向旋转；如图 4-8 所示，由于中间的差动盘不固定，该集弹盘能适应高射速自动炮的快速启停。但集弹盘结构复杂，其中带推弹齿的双面齿圈制造成本较高。

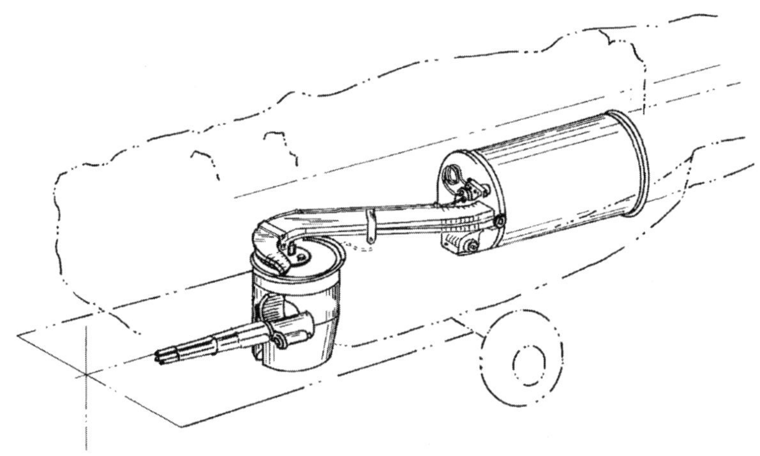

图 4-5　供弹系统与自动炮的相对位置关系
（无链供弹集弹盘位于转管炮的进口软导引和弹鼓出口软导引之间）

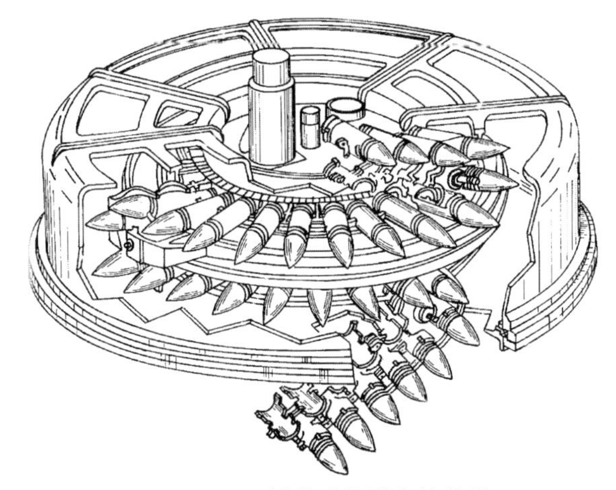

图 4-6　无链供弹集弹盘的外观

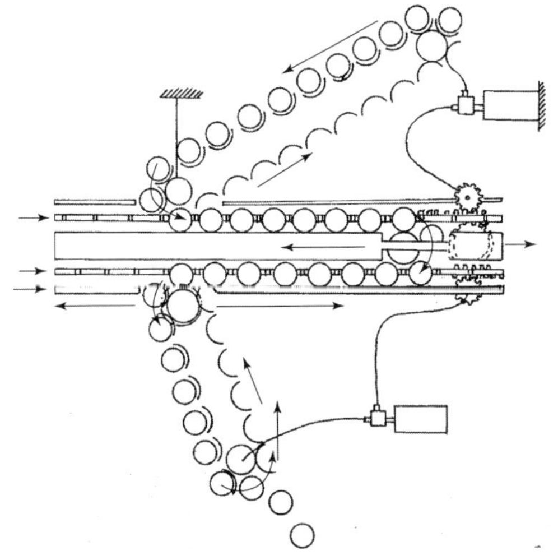

图 4-7　无链供弹集弹盘的内部构造（从上至下分别是出口软导引接头、带单面齿圈的旋转盘、双面齿圈、中间差动盘、双面齿圈、带单面齿圈的固定盘和进口软导引接头）

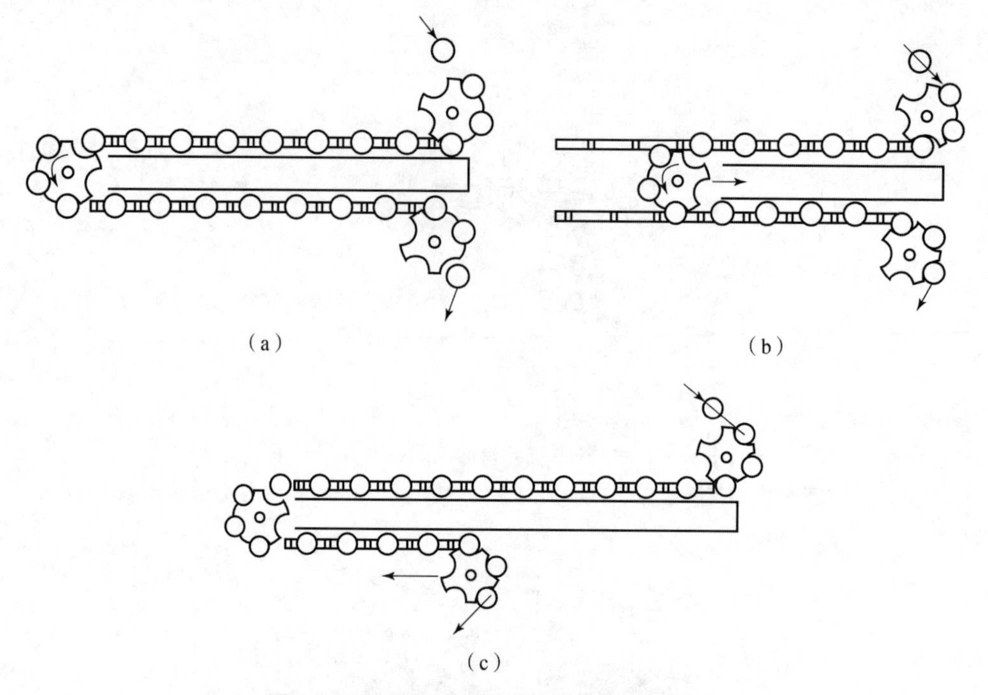

图 4-8 无链供弹集弹盘的启停自适应原理

(a) 初始时差动盘上的行星轮在左侧; (b) 射击启动后差动盘的行星轮向右侧运动;
(c) 停射制动后差动盘的行星轮向左侧运动(复位)

适用环境: 车载、舰载和机载平台中需要大范围调整周向射角的高射速火力系统。

4.3 弹头朝上的无链供弹集弹盘技术

考虑到当前“密集阵”系统需携带一个容弹量约 1 300 发的弹鼓与自动炮一起俯仰和回转,导致火力系统的驱动装置过于庞大的问题,Swann 等[31]设计了一种弹头朝上,与集弹盘轴线方向平行的集弹盘。如图 4-9 和图 4-10 所示,该集弹盘分为左右两个部分,左边主要负责弹壳回收,右边主要负责输送炮弹;集弹盘的内筒、外筒和底板与弹箱固连,外侧托弹板托住外层炮弹、内侧托弹板托住内层炮弹,中间有一个带游动拨弹轮的环状导引与内筒、外筒一起约束炮弹的药筒。内筒上有两对拨弹轮和导引,与进弹刚导引相连,可以与自动炮炮塔一起回转。外筒上有两对拨弹轮和导引,与弹箱刚导引相连并固定不动。自动炮射击、停射和回转时,中间的环状导引及其上的游动拨弹轮会根据自动炮和弹箱速度差值,自动调整其角位移,从而实现供弹装置自动调整功能。

解决问题: 当改进型“密集阵”系统的容弹量增加至 4 000 发后,因为容弹具不可能与自动炮同回转和俯仰,需设置集弹盘以解决炮塔回转时的连续供弹问题;带游动拨弹轮的集弹盘还可以解决火力系统快速启动时自动炮和弹箱速度不匹配的问题。

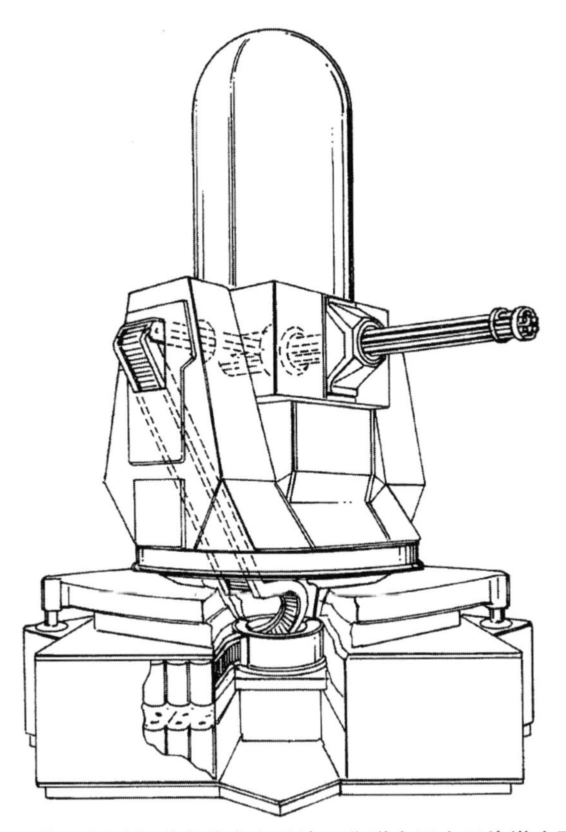

图 4-9　使用新型集弹盘的火力系统（集弹盘固定于炮塔座圈之下，进弹路线：弹箱——刚导引——集弹盘外环——集弹盘内环——刚导引——自动机进弹口）

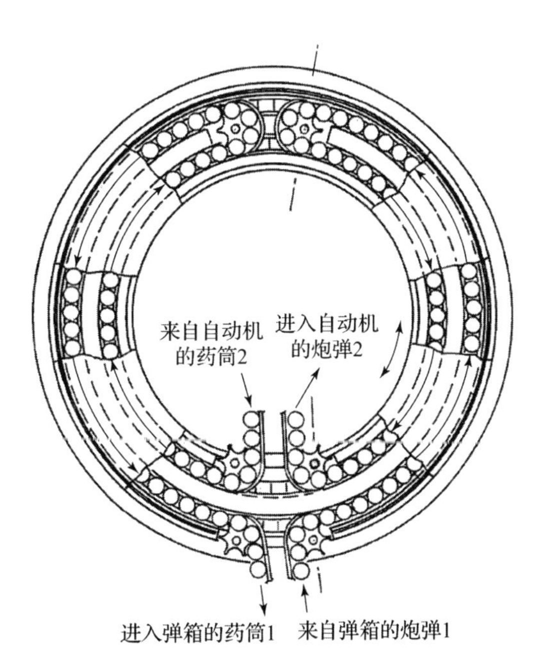

图 4-10　炮弹在集弹盘中的传输路径

（弹头朝上的集弹盘左右对称，左侧负责药筒回收，右侧负责输送炮弹）

关键技术：具备自动调整功能的双向集弹盘技术：该集弹盘的进、出口拨弹轮和内、外侧托弹板、游动拨弹轮及中间导引等零件通过齿轮相啮合，具备恒定的传动比；集弹盘左右对称，分别负责弹壳回收和供弹。

优势及劣势：作为一种差速供弹装置，无链供弹集弹盘可实现炮塔的大范围周向旋转；由于中间的差动盘不固定，该集弹盘能适应转管炮的快速启停；但该圆柱状集弹盘占据空间较大，中空的内筒导致集弹盘的空间利用率较低。

适用环境：车载、舰载平台中需要大范围调整周向射角的高射速火力系统。

第5章 有链供弹技术原理

有链供弹装置原理简单、结构紧凑，单管火炮使用时可以快速达到较高的射速，是一种应用非常广泛的供弹形式。但有链供弹装置在射击过程中需要除链和排链，这不仅需要设置独立的机构，降低自动机发射可靠性，而且在供弹过程中会消耗一定的能量，延长自动机在射击过程中的等待时间；由于弹链在除链和排链等过程中会因拉扯力过大而导致变形，甚至断裂，所以大多数弹链是一次性使用产品，需要单独保存和运输；弹链供弹的自动炮在射击之前需要将炮弹压入弹链，形成一串弹链带后放入弹箱，这无疑又延长了两次战斗过程中的等待时间。因此弹链式供弹勤务性差，比较适用于单个弹链带或弹箱重量较小的火力系统。

本章主要讲解几种典型有链供弹技术的结构组成和相关改进，这些典型有链供弹技术是目前应用较为广泛的有链供弹技术。国外军工企业对这些有链供弹技术加以改进的目的主要有：①降低运动惯量，进而减少启、停过程时间；②提高勤务性，进而减少两次战斗之间的等待时间；③增加相关传感器和电气装置，提高供弹装置的自动化水平。

5.1 弹链悬挂放置的箱式有链供弹技术

Darnall[32]基于可散弹链节设计了一种弹链带悬置于箱内导轨（横梁）之上的有链供弹弹箱。如图5-1所示，人工补弹时一串弹链带被悬挂在导轨上后，与另一串弹链带手工衔接，并向弹箱内部推送。弹箱出口有一个带棘轮的拨弹轮（图5-2），射击时在自动炮的驱动下用于拨动弹链；拨弹轮下方有一个带限位块的压弹滚轮，用于校正炮弹在弹箱出口处的姿态。除了介绍人工补弹的方法外，Darnall还简述了可循环利用弹链节的相互配合原理。

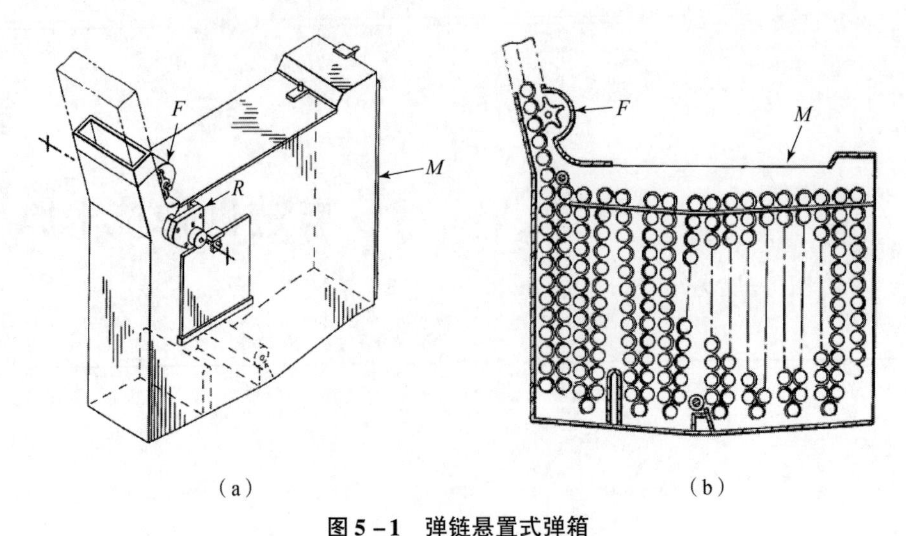

图 5-1 弹链悬置式弹箱

(a) 弹箱轮廓外形；(b) 弹箱装满后的状态

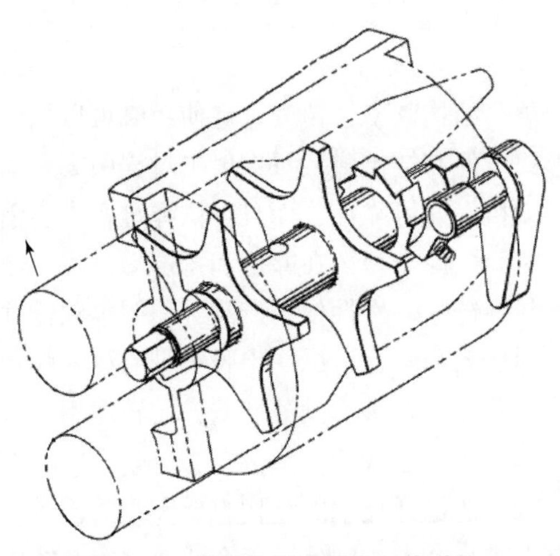

图 5-2 带棘轮的弹箱出口拨弹轮

解决问题：为了减小供弹时弹链拉扯力及增大弹箱的储存密度，使用了基于可散弹链节的弹链悬挂式弹箱；为了防止弹箱倾斜时弹链带相互挤压，导致弹链节之间发生擦挂等问题，设置了压弹滚轮等装置用于校正炮弹的姿态。

关键技术：弹链悬置弹箱综合技术：如图 5-3 所示，补弹时操作人员可以不依赖外部工具，而将可散弹链节串联起来，并悬置在弹箱导轨之上；如图 5-4 所示，当弹箱倾斜的时候，带限位块的压弹滚轮将炮弹压在弹箱侧板上；射击时当前面的炮弹被扯动后，弹链带抬起压弹滚轮，起到规整弹链带的作用。

优势及劣势：弹箱存储密度较大，弹箱后门打开后可方便地推弹入箱；使用抱弹力较小的可散弹链节，可以不依赖其他装置手动将弹链带串联起来；弹链节可以循环利用，降低了发射成本。无明显劣势。

适用环境：车载、舰载平台的低射速自动炮。

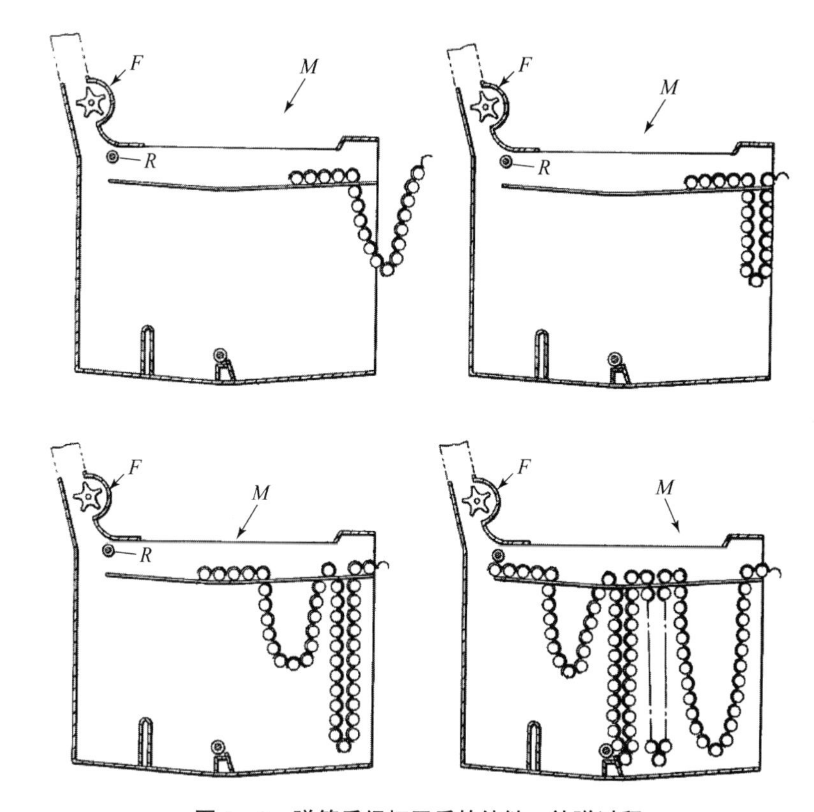

图 5－3　弹箱后门打开后的结链、补弹过程

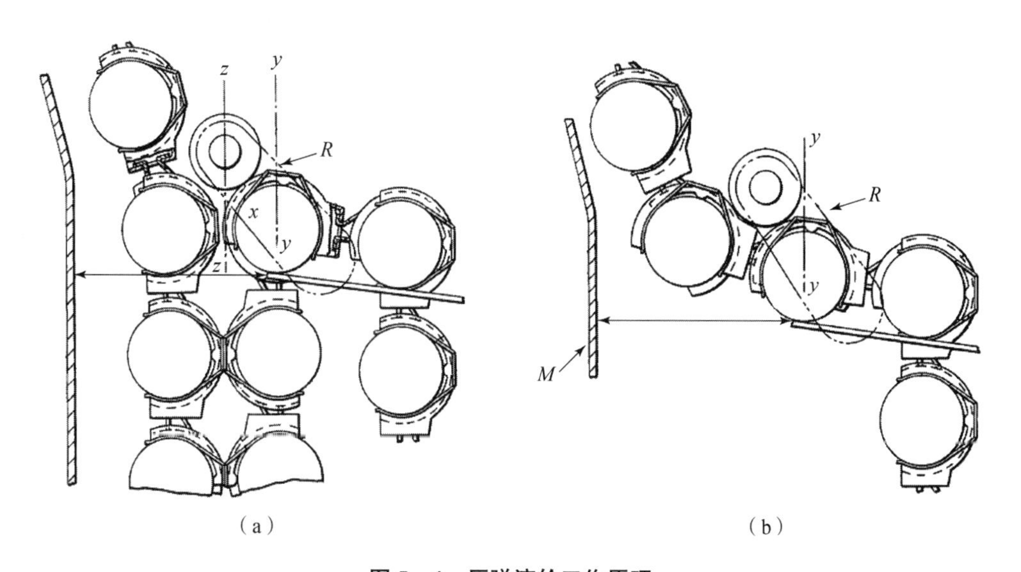

图 5－4　压弹滚轮工作原理

(a) 射击前压弹滚轮压住弹链带；(b) 射击过程中弹链带尚未抬起压弹滚轮

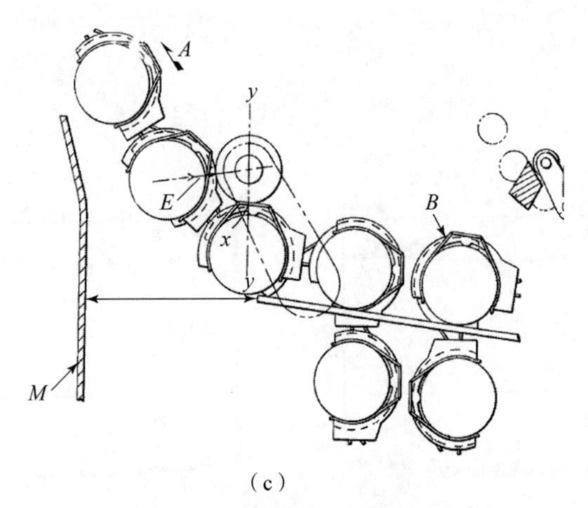

(c)

图5－4 压弹滚轮工作原理（续）

(c) 弹链带拉直后抬起压弹滚轮

5.2 4管25 mm近防舰炮的鼓式有链供弹技术

Schaulin等[33]和Fischer[34]论述了一种4管25 mm舰载近防系统的有链供弹装置结构组成和运行原理。如图5－5和图5－6所示，甲板上的近防系统有3个旋转轴，其中两个为炮塔周向旋转轴，一个为火炮高低角旋转轴，三者共同作用可以实现火炮－15°到+125°的高低射角范围。火力系统的总储弹量约1 008发，综合射速约为3 400发/分。每管火炮都有自己的弹鼓，每个弹鼓储弹约250发，通过使用扬弹机和导引，供弹装置可以将弹链带从弹鼓提到自动机进弹口。如图5－7所示，有链供弹的弹鼓边射击、边旋转，弹鼓隔板和弹链节上镶嵌有磁条，可以将弹链带吸附在弹鼓隔板的内壁上，以防止弹链带在射击过程中前后窜动，导致弹头发生碰撞和破坏。

解决问题：为了能够拦截那些采用攻顶策略的导弹等目标，通过构思3轴转动炮塔、4管并列火炮和独立弹鼓，解决了自动炮射界过小和供输弹阻力过大等问题。

关键技术：①多轴旋转炮塔转动技术：如图5－8所示，可以瞄准攻顶目标的3转轴炮塔，存在着火炮调转过程中的最优路径计算问题，需根据实际情况快速计算出阻力最小的3转轴角度调整控制算法；②有链弹鼓及其供弹导引技术：有链供弹弹鼓缓慢旋转以配合扬弹机向上供弹，经过二级扬弹机将炮弹送入软导引，软导引要具有足够的柔度以适应自动炮－15°到+125°的射角范围。

优势及劣势：火炮高低角射击范围大，能够拦截那些采用攻顶策略的导弹等目标，但基于4管并列布置的自动炮占据空间过大；采用有链供弹的弹鼓只能发射单一弹种的炮弹；扬弹路线过长，射击后的补弹过程比较烦琐。因此，基于转管火炮和无链供弹的近防系统比基于有链供弹的并列多管近防系统更具有优势。

适用环境：车载、舰载平台的小口径近防系统，如图5－9的土耳其舰载“海天顶”近防系统。

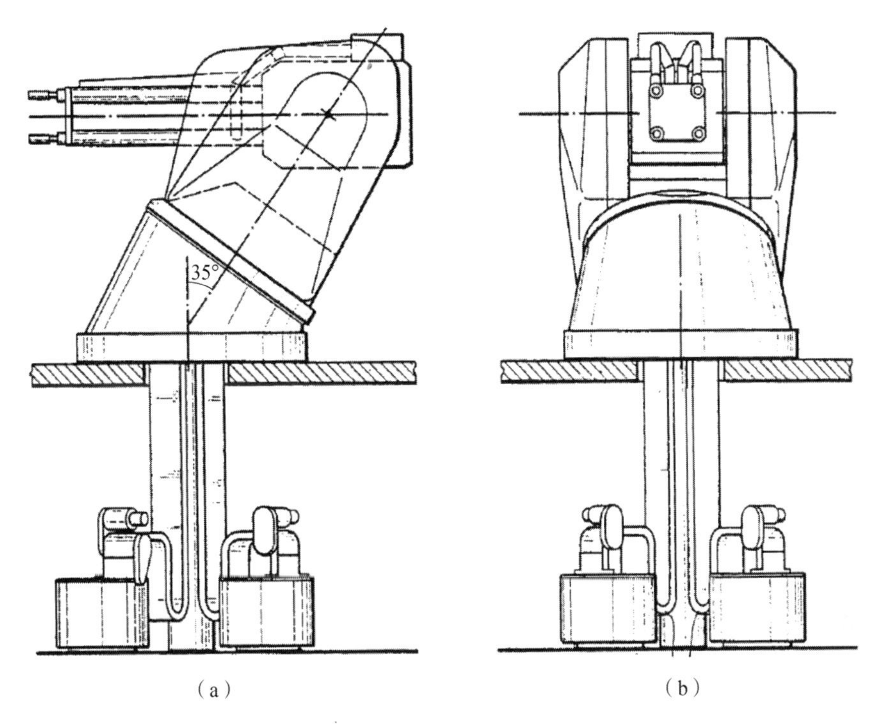

（a）　　　　　　（b）

图 5-5　4 管 25 mm 舰载近防系统（火炮自身拖动弹链带供弹，电机驱动弹鼓旋转并辅助扬弹）

（a）侧面；（b）正面

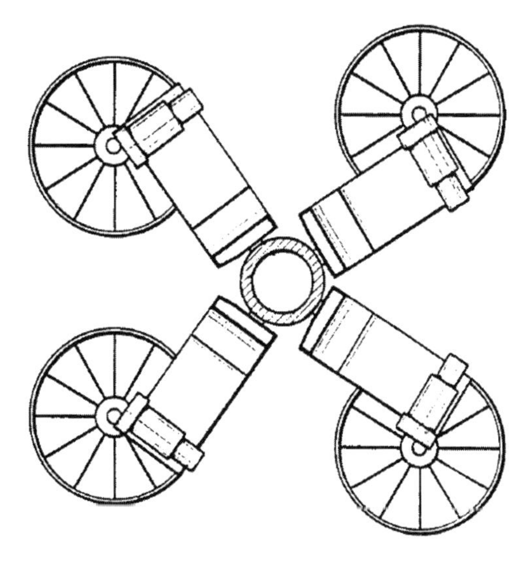

图 5-6　甲板之下的 4 个弹鼓及其附属扬弹机和导引（弹鼓缓慢旋转配合弹鼓出口扬弹机扬弹，弹链带经二级扬弹机辅助扬弹后进入刚导引或软导引，最后进入火炮自动机的进弹口）

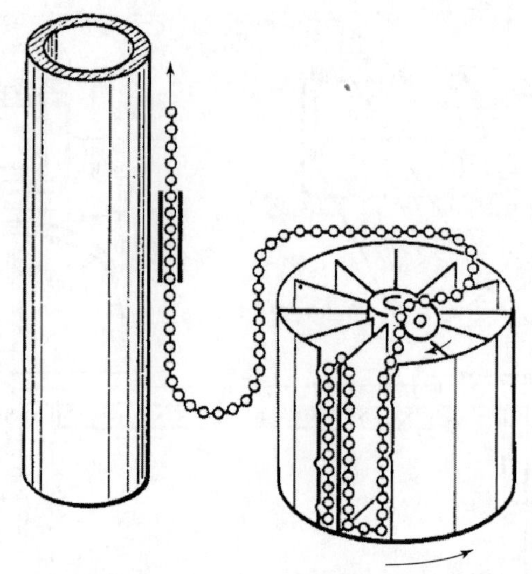

图 5－7 有链供弹的弹鼓（弹鼓扬弹的同时还要缓慢旋转）

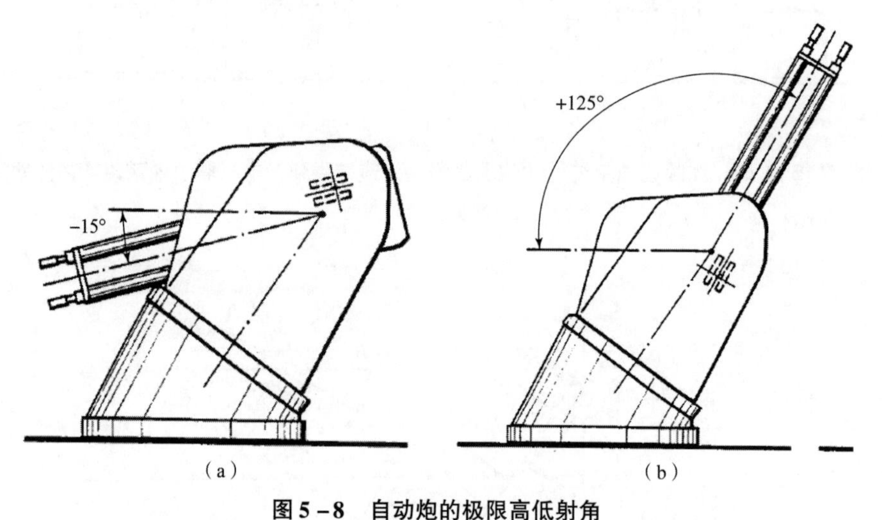

图 5－8 自动炮的极限高低射角

（a）－15°射角；（b）＋125°射角

图 5－9 土耳其 MEKO 200 型护卫舰的舰载 4 管 25 mm 近防系统

5.3　弹链缠绕成长圆柱体的有链供弹技术

为了简化武装直升机航炮供弹装置的结构，Tassie[35] 介绍了一种弹链缠绕成长圆柱体的有链供弹技术。如图 5 – 10 ~ 图 5 – 12 所示，该供弹装置的主体是一个类似于无链供弹螺旋弹鼓内鼓的螺旋体，弹链缠绕在螺旋体的螺旋片之中，螺旋片前端有一个出弹导槽；通过一个长的软导引将出弹导槽和自动机的进弹口衔接起来。驱动装置设置在螺旋体的后部，螺旋片上有一个弹链夹头，弹链夹头或者其他装置在弹链到达前端限位器或者后端限位器时，触发满弹报警器或余弹报警器。

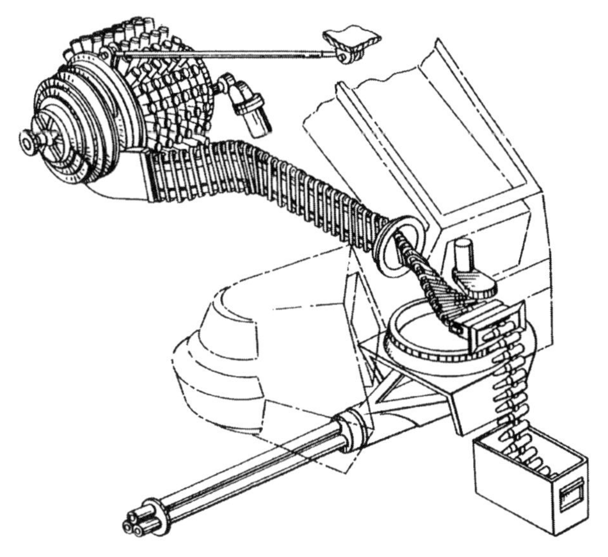

图 5 – 10　供弹装置与自动炮的相对位置

（供弹路线：螺旋体——出弹导槽——软导引——转管炮）

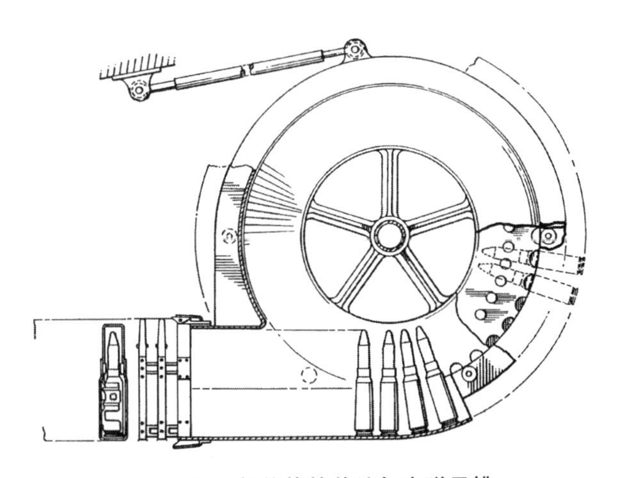

图 5 – 11　螺旋体的前端与出弹导槽

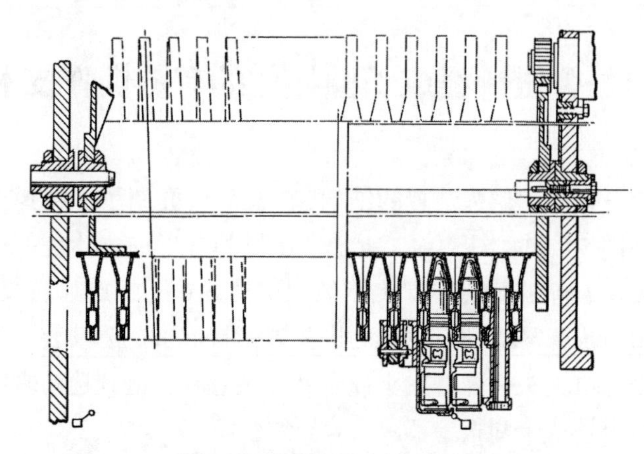

图 5-12　类似于螺旋弹鼓内鼓的螺旋体（剖视图）

解决问题：缠绕成长圆柱体的有链供弹装置结构简单，供弹时受飞机机动过载的影响较小，不会出现弹链相互挤压、擦挂等情况。

关键技术：武装直升机的低惯量有链供弹技术：弹链缠绕成长圆柱体的供弹装置，需根据载体的可利用空间尺寸及炮弹、弹链的轮廓参数设计好螺旋体；螺旋体在后部驱动装置的驱动下有着较高的旋转速度，驱动全部的弹链带时，比基于弹箱的有链供弹运动过程更加平稳。

优势及劣势：结构简单、占据空间小，弹链的供弹过程比较平稳。但是螺旋体的驱动装置需要和转管炮的驱动装置协同设计，以匹配自动炮的射速，否则会有扯断弹链带的风险；补弹时补弹装置反向运转，软导引过长可能导致整个补弹过程比较烦琐。

适用环境：车载、舰载、机载平台，该技术也曾经尝试应用于 RAH-66“科曼奇”隐身型武装侦察直升机项目之中（图 5-13）。

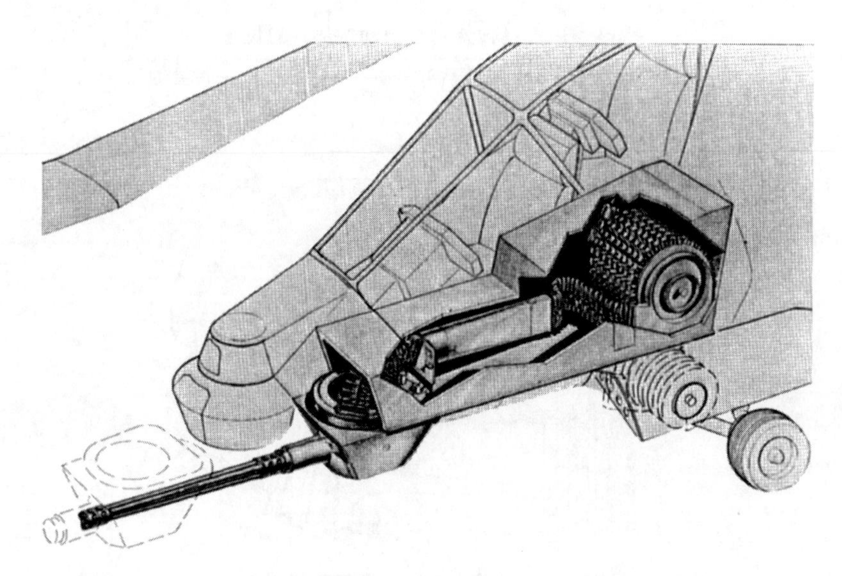

图 5-13　RAH-66“科曼奇”武装侦察直升机中的航炮与供弹系统

5.4　炮塔内弹链缠绕成扁圆柱体的有链供弹技术

德国的 Strasser 等[36]设计了一种安装在装甲车炮塔内的双路有链供弹装置。如图 5－14 和图 5－15 所示，该供弹装置左右对称、倾斜布置，和 5.3 节中的弹链缠绕方式有所不同，该装置中的炮弹弹头朝上，因此弹链带只能缠绕成扁圆柱体。供弹装置的出口和软导引相衔接，射击过程中该供弹装置在自动机的拖拽下缓慢旋转，并具有停射制动功能。如图 5－16 所示，为了处理自动机抛出来的弹壳，该火力系统还设计了可适应抛壳口变化的抛壳导引，以方便将弹壳抛出炮塔。

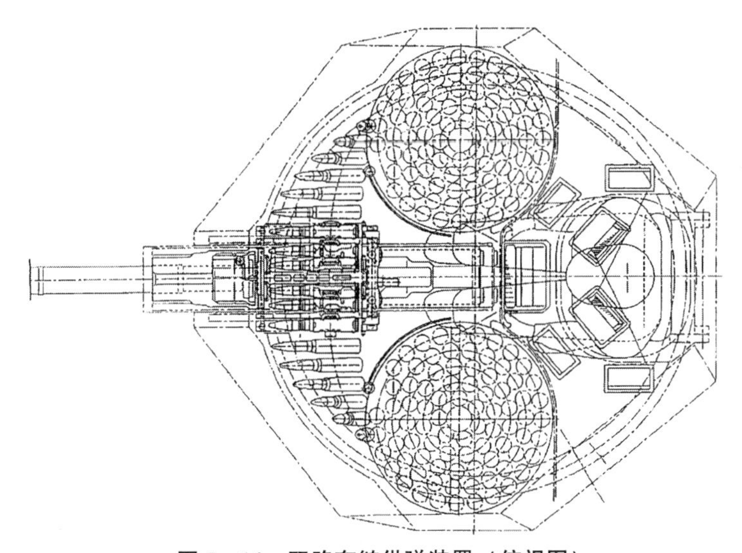

图 5－14　双路有链供弹装置（俯视图）

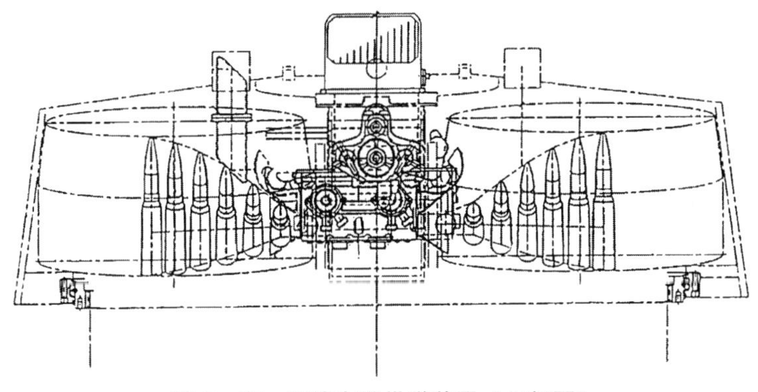

图 5－15　双路有链供弹装置（正视图）

解决问题：当炮塔内的可利用空间有限时，绕成扁圆柱体的弹链带可以节省空间。

关键技术：塔内大容量、低成本有链供弹技术：缠绕成扁圆柱体、可旋转和制动的有链供弹装置，依靠自动炮的拖拽动力被动供弹，存储密度高、设计和制造成本低。

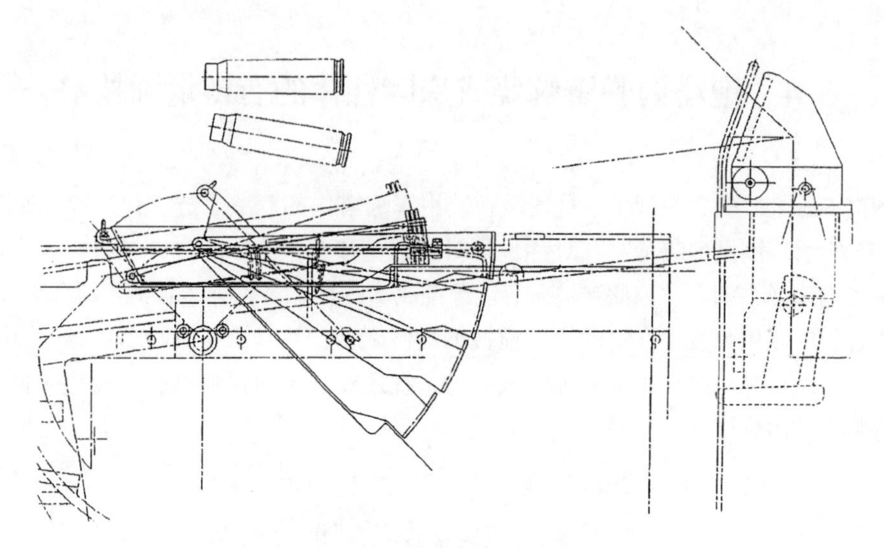

图 5-16 可适应高低角变化过程的抛壳导引

优势及劣势：整体结构简单，补弹过程方便；但绕成扁圆柱体后自动炮所拖动的负载是由大到小持续变化的，不利于内能源自动炮控制射速。

适用环境：车载、舰载等平台的低射速火力系统。

5.5 适用于遥控武器站的有链供弹技术

以色列的 Chachamian 等[37]为顶置式遥控武器站设计了一种单向双路有链供弹装置。如图 5-17 和图 5-18 所示，该供弹装置容量较小，主体是围绕着炮塔的两段有链供弹刚导引。第一段刚导引放置在自动炮后侧，与小型弹箱衔接，可随自动炮周向回转；第二段刚导引和自动炮固连，放置在自动机进弹口的右侧，可围绕耳轴高低俯仰，并通过喇叭口衔接第一段刚导引的出口。

解决问题：如果在遥控炮塔上使用和自动机固连的弹箱，则会带来额外的不平衡力矩，且弹箱容弹量较小；而当前采用和载体固连的弹箱，通过使用可绕耳轴转动的刚导引及其相应接头，可适应火炮俯仰时自动炮进弹口和弹箱出口之间的间距变化。

关键技术：刚导引组合供弹技术：采用围绕炮塔的两段式刚导引，第一段刚导引围绕炮塔，绕过耳轴后衔接第二段刚导引；第二段刚导引先走 U 形，再走扇形，然后衔接自动机进弹口。两段钢导引组合形成了供弹装置的主体。

优势及劣势：结构简单、供弹可靠性高，能最大限度地利用遥控炮塔周围的空间；但必须使第二段刚导引进口圆弧中心位于耳轴中心附近（图 5-19）；由于自动机在射击时需要拖动整个弧形弹箱中的炮弹，因此弹箱容积较小，否则会因为供弹阻力过大而降低自动炮的射速。

适用环境：车载、舰载平台的低射速火力系统。

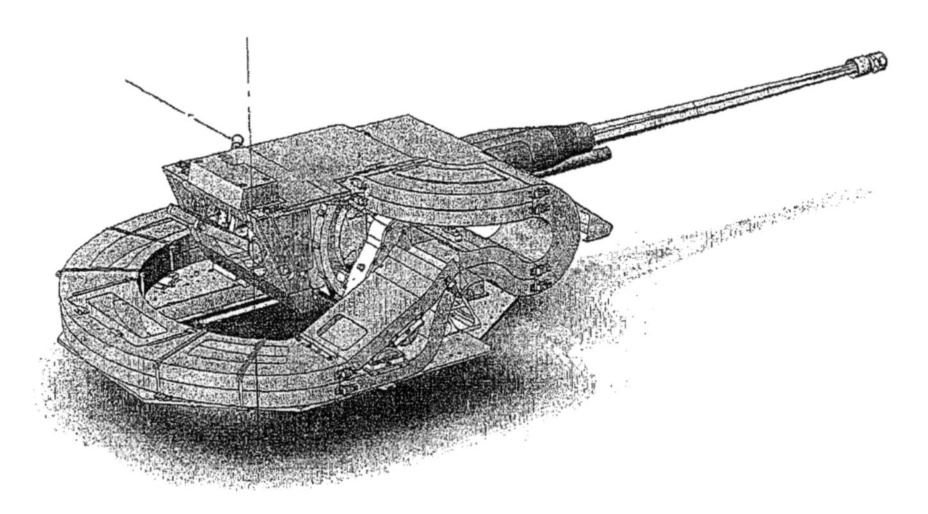

图 5－17　基于链式炮的顶置式遥控武器站（进弹路线：弹箱——刚导引——自动机进弹口）

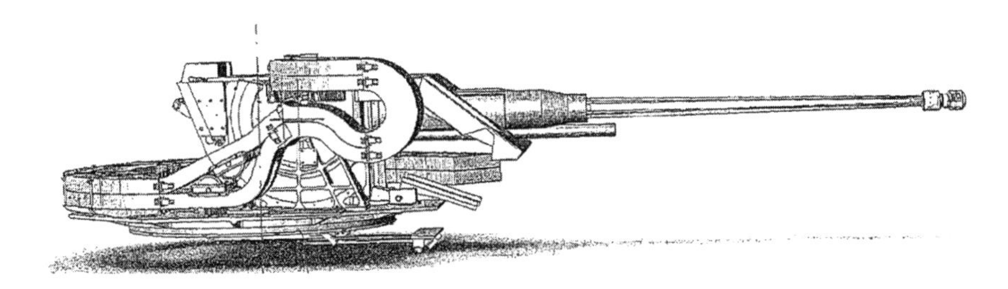

图 5－18　单向双路有链供弹装置与自动炮的相对位置（侧视图）

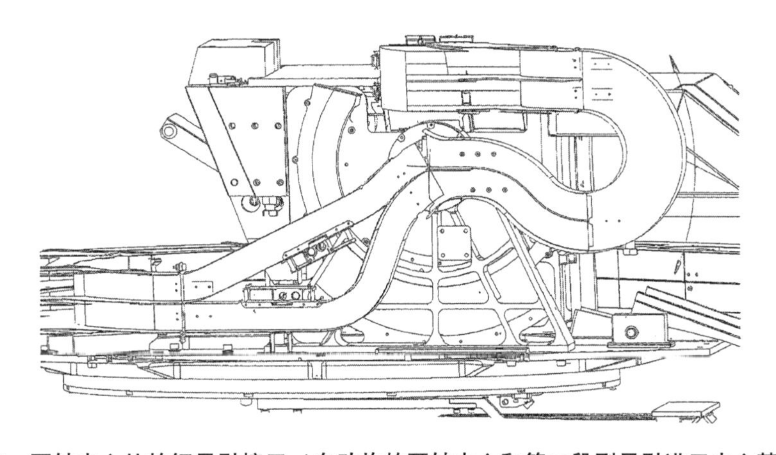

图 5－19　耳轴中心处的钢导引接口（自动炮的耳轴中心和第二段刚导引进口中心基本重合；上下路刚导引分为多个导引段，每个导引段均可以独立地向侧面或者上面打开，以便于维护供弹装置）

5.6 舰炮的大容量单一弹种有链供弹技术

Ellington 等[38]构思了一种由复合材料大容量弹箱、刚导引、扬弹机滚轮及余弹计数告警器组成的单一弹种有链供弹装置。如图 5 – 20 和图 5 – 21 所示，刚导引和自动机进弹口固连，并可以绕弹箱扬弹机滚轮旋转；刚导引和弹箱的衔接之处是喇叭口，自动炮高低俯仰时，弹链带能根据喇叭口的开度调整姿态。如图 5 – 22 所示，刚导引由中空板和导条焊接而成；弹箱和刚导引的上侧板均有快拆卡扣，可以迅速打开弹箱和导引，以方便检视弹链带状态。弹链带的最后几发炮弹压着一个弹簧偏置的杠杆，当最后几发炮弹被扯动和杠杆脱离接触后，杠杆偏转使得余弹告警器通电，并可在射控面板上提醒操作人员余弹数量不足。

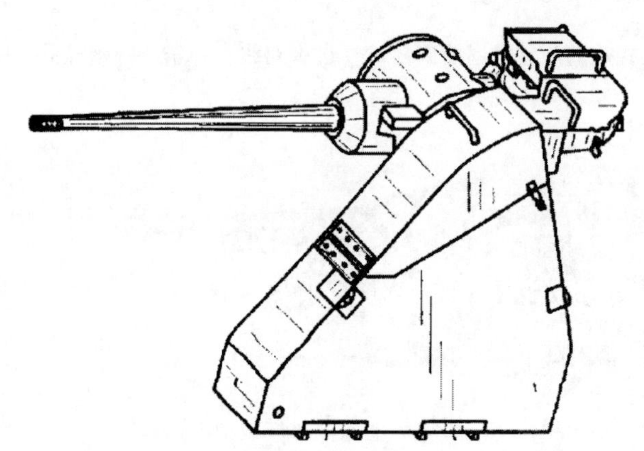

图 5 – 20 舰炮及其供弹装置的外观
（进弹路线：弹箱——刚导引——软导引——自动机进弹口）

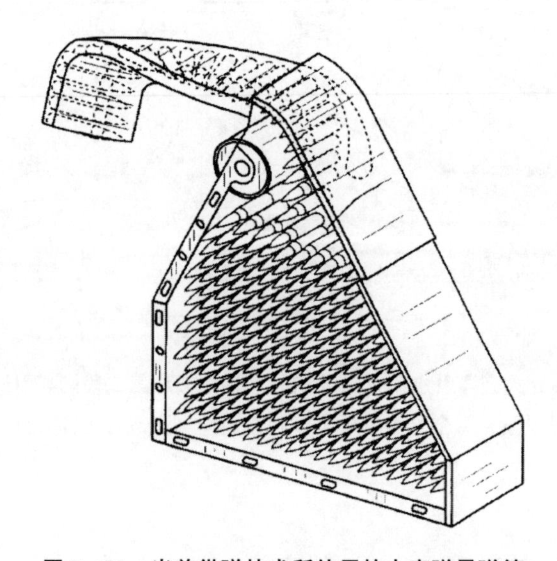

图 5 – 21 当前供弹技术所使用的大容弹量弹箱

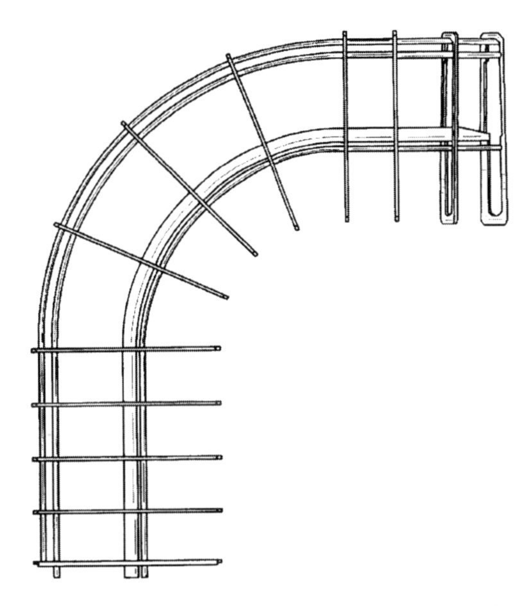

图 5－22　由中空板、导条焊接而成的刚导引

解决问题：通过设计形状不规则的弹箱，并与弹箱出口导引块和滚轮配合，可以减少提弹过程中因炮弹弹头和弹链的擦挂、缠绕而导致的供弹故障。

关键技术：无。

优势及劣势：结构简单、可靠性高、供弹阻力小的供弹装置；打开弹箱上部舱门即可补弹，减少了续弹时间。

适用环境：车载、舰载平台的中、低射速火力系统。

5.7　有链供弹的二合一进弹机技术

由于小口径转管炮的射速较高、启动时间较短，为了防止弹链带在启动过程中被拉断，Davis[39]设计了一种使用同旋向拨弹轮，并采用两条或者 4 条弹链带同时供弹的有链供弹装置。如图 5－23～图 5－25 所示，这种基于两路合一路原理的进弹机可以显著降低供弹系统的运动惯量，有利于提高启停速度、缩短系统反应时间。

解决问题：基于二合一原理的有链供弹进弹机技术可以显著降低弹链带的线速度和拉链力，有利于降低转管炮供弹过程的故障率。

关键技术：同旋向拨弹轮传动技术：慢速旋转的同旋向拨弹轮，向快速旋转的进弹机拨弹轮输送炮弹，传动齿轮之间需优选惰轮参数以保持确定的传动比。

优势及劣势：弹链运动速度降低 50%，使得火力系统运动惯量显著降低，这将有利于降低供弹装置故障水平；但是进弹机体积过于庞大，启动瞬间两倍或者 4 倍的除链力，有可能从另一方面降低启动速度。

适用环境：车载、舰载平台的高射速有链供弹火力系统。

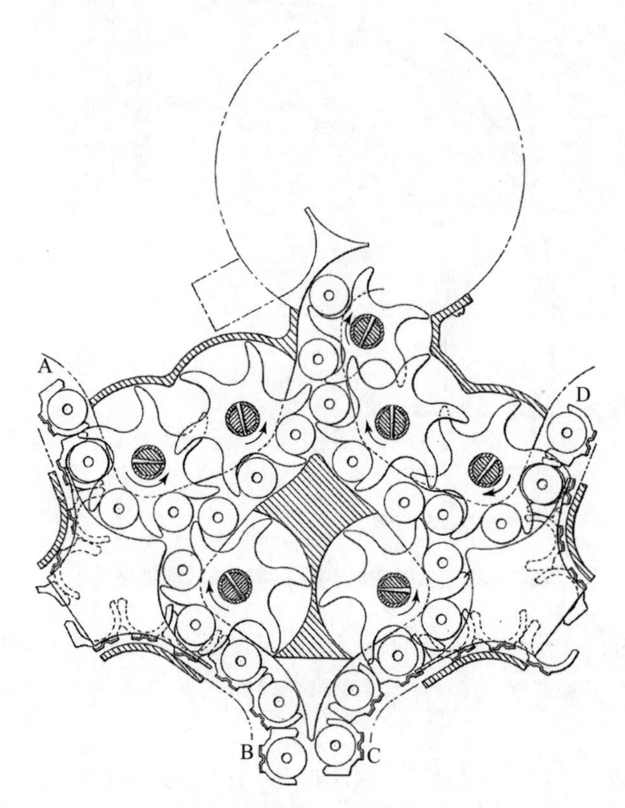

图 5-23 基于二合一原理的有链供弹进弹机技术（4 个弹链带入口）

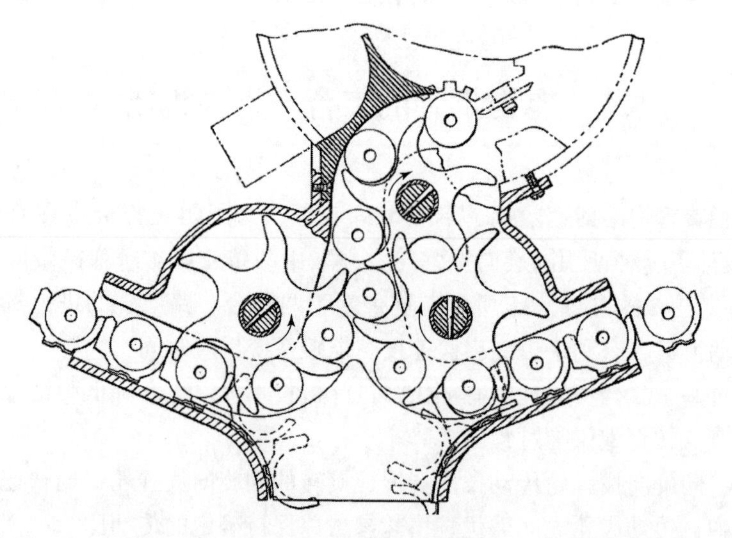

图 5-24 基于二合一原理的有链供弹进弹机技术（2 个弹链带入口）

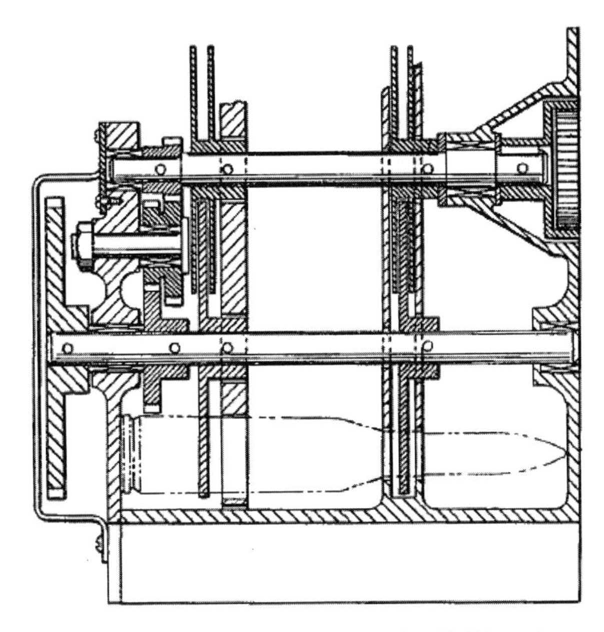

图 5－25　基于二合一原理的进弹机拨弹轮组合

5.8　一种用于武装直升机的鼓式有链供弹技术

针对安装空间有较大限制的武装直升机航炮系统，Faisandier[40]设计了一种火炮在下、炮弹导引（通道）在中间、可转动有链弹鼓在上方的火力系统。如图 5－26～图 5－28 所示，弹链带平铺在弹鼓之中，弹鼓由电机驱动，可以边供弹边自转。为了解决自动炮和弹鼓两者之间供弹速度不匹配的问题，还设计了弹簧偏置式的供弹速度调节装置。

解决问题：为了便于武装直升机的配重，武装直升机航炮的弹箱一般距离火炮较远，甚至有时还高于火炮的安装基面。航炮射击时扯动较长的弹链带，会因为供弹阻力过大而降低自动炮射速，甚至会扯断弹链。针对这类安装空间和驱动动力存在较大限制的载体，构造了基于有链供弹的弹鼓装置，以缓解以上问题。

关键技术：①有链供弹弹鼓技术：弹链带平铺在弹鼓之中，弹鼓中间有一个驱动电机，电机经过减速器驱动弹鼓旋转的同时，还驱动弹鼓出口处拨弹轮旋转，以此将鼓中弹链带输送出弹鼓；②射速调节技术：如图 5－29 所示，由两个摆臂和一个滚轮组成的射速调节装置，在自动炮停射时自动抬起，此时弹鼓减速，以形成对弹链带的阻滞作用；在自动炮启动并扯动弹链带时，弹链带又将摆臂压下，此时弹鼓加速转动，减小自动机对弹链带的拉扯力。总之，该装置作为一个局部差动装置可以根据射击情况对射速做出调整。

优势及劣势：整个供弹装置结构紧凑，供弹阻力较小；无明显劣势。

适用环境：机载平台的弹链式供弹火力系统。

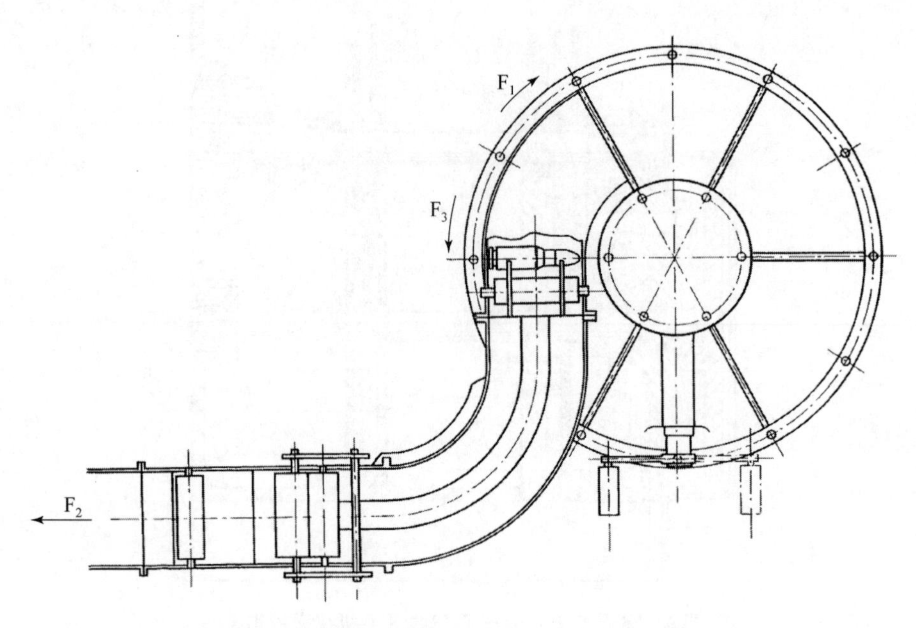

图 5-26　有链弹鼓及其左下方的射速调节器

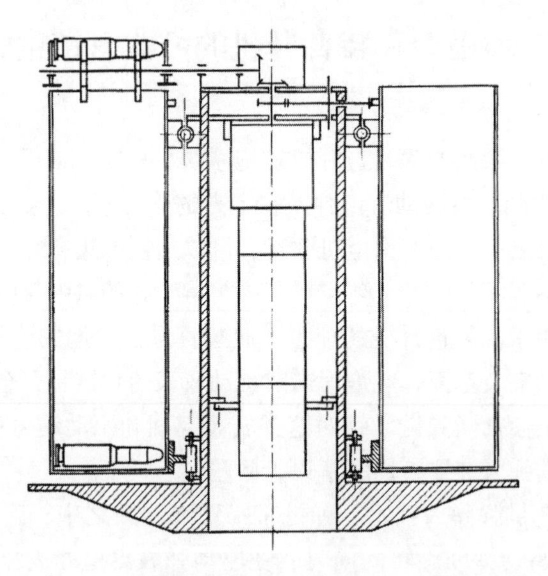

图 5-27　有链供弹弹鼓中部的驱动电机及其减速器

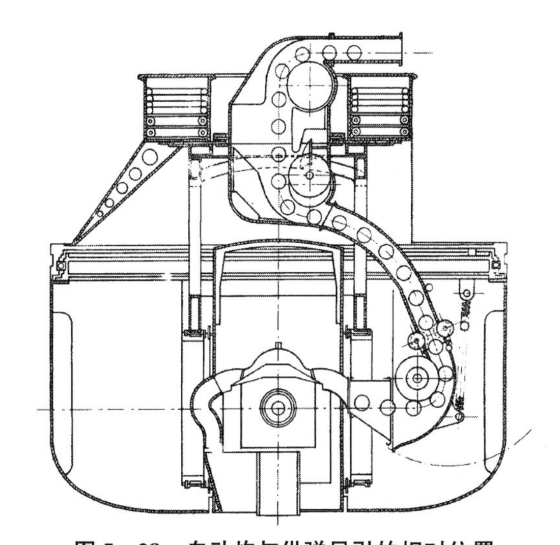

图 5-28　自动炮与供弹导引的相对位置
（供弹路线：有链弹鼓——出口拨弹轮——导引——
射速调整装置——垂直下口——刹车装置——滚轮——自动机进弹口）

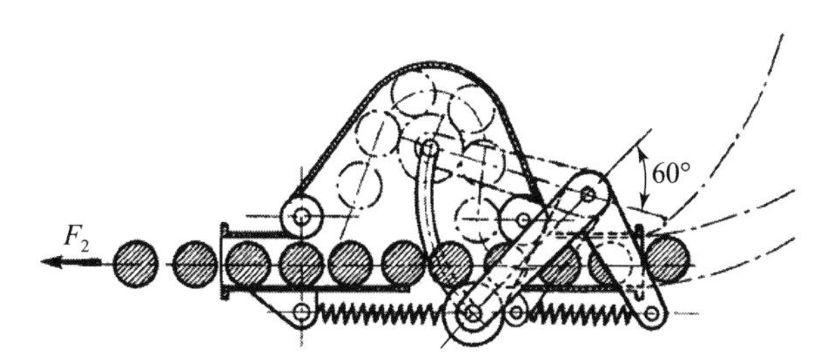

图 5-29　射速调节装置的工作原理（供弹动力源是弹鼓电机和自动炮，
射速调节装置可调整二者在供弹速度上的差异）

5.9　一种可自动举升弹链带的有链供弹技术

Kaustrater[41]介绍了一种首层弹链带可以保持在预定高度的有链供弹弹箱。如图 5-30 和图 5-31 所示，弹箱主体位于两个弹簧支撑柱之间，并被绕在支撑柱顶端滚轮上的钢丝绳兜住，使得弹箱底板可以沿着支撑柱上下滑动；弹箱底板安装有行程开关，当行程开关触碰弹箱固定上板时，可以发出弹箱弹量告警信号。

解决问题：弹箱中弹簧、钢丝绳、滚轮和行程开关配合使用，可以使弹箱中最上层的弹链带保持在预定高度上，以减小供弹阻力；自动举升弹链带的另一个益处在于，当弹箱中炮弹即将被发射完毕时，可以防止余下弹链带因在弹箱底部无法固定而产生的剧烈窜动。

关键技术：弹簧弹箱技术：根据箱内炮弹数量合理设计弹簧参数，使得弹簧在满弹箱时几乎被压并；在弹箱内炮弹即将被发射完毕时，弹簧伸张至预压状态。

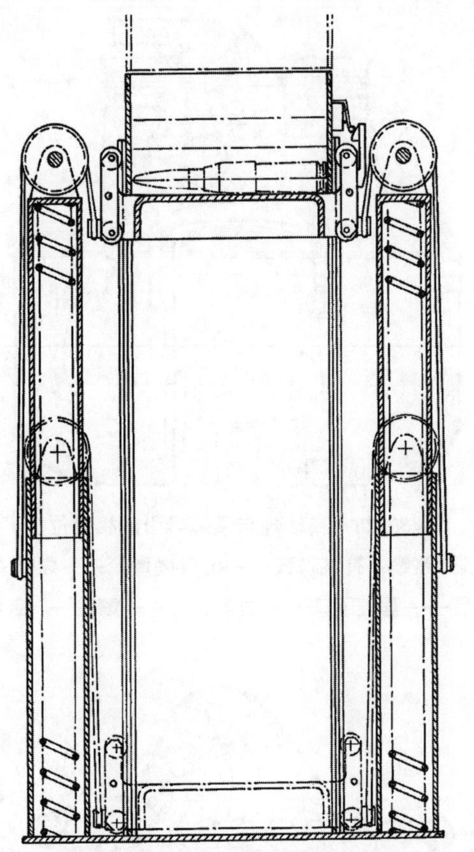

图5-30　可自动举升弹链带的弹箱（左右侧是压缩弹簧、滚轮和钢丝绳，中间是可举升弹箱）

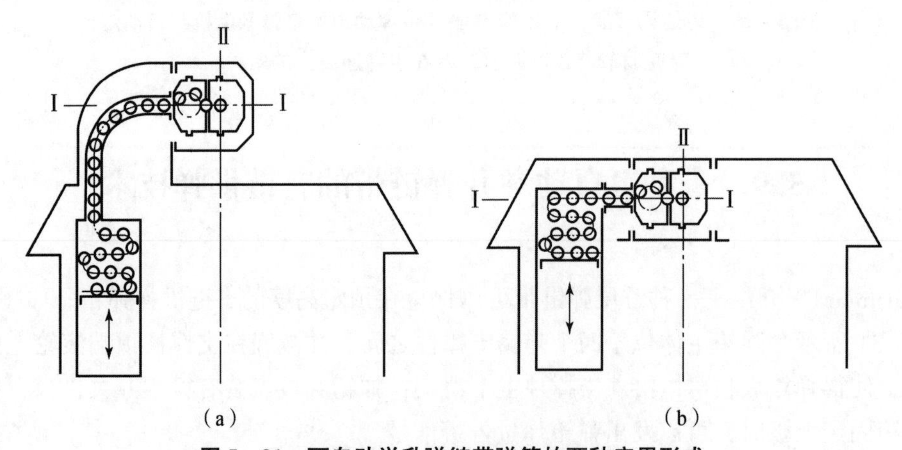

图5-31　可自动举升弹链带弹箱的两种应用形式

(a) 自动炮高出炮塔；(b) 自动炮隐藏在炮塔之内

优势及劣势：结构简单、可靠性高；最上层的炮弹始终保持在一个定制的高度上，有利于减小供弹阻力。但弹箱总重量有一定的限制，炮弹总重量过重则难以选择合理的举升弹簧参数。

适用环境：车载、舰载、机载等平台的中低射速火力系统。

5.10　带低弹量告警功能的有链供弹弹箱技术

Davison 等[42]构思了一种有链供弹弹箱，如图 5－32 所示，该弹箱使用翻板、弹簧和传感器来确定弹箱中的炮弹数量是否低于某预定值。如图 5－33 所示，当弹箱内部有弹时，弹箱底板上弹链带的尾端抵住翻板，翻板的另一端抬起切断传感器信号，使得控制面板显示装弹量大于某预定值；当弹箱底板上的弹链带尾端被扯走时，翻板在弹簧拉力的作用下复位，并和传感器接触，传感器向控制面板输出信号显示弹量低于某预定值。

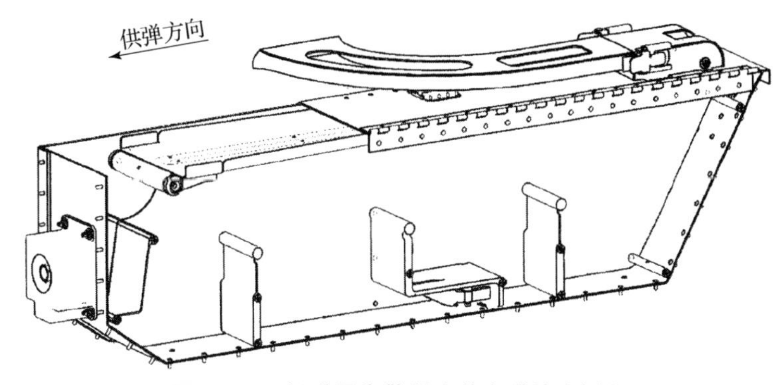

图 5－32　低弹量告警器安装在弹箱底板上

解决问题：有链供弹弹箱的余弹计数器一般不太准确，使用低弹量告警器可以及时提醒操作人员更换弹箱。

关键技术：低弹量告警技术：通过使用基于翻板、弹簧和传感器的低弹量信号输出装置，结合声、光或其他形式告警信号，可及时提醒操作人员更换弹箱。

优势及劣势：结构简单、功能可靠，无明显劣势。

适用环境：车载、舰载、机载平台中使用弹链供弹的弹箱。

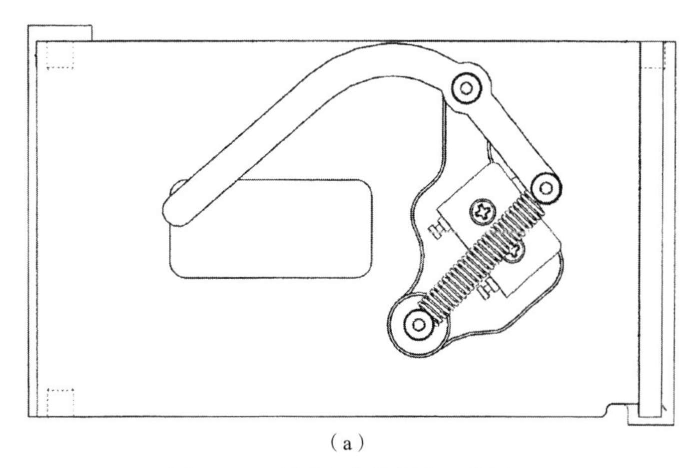

（a）

图 5－33　低弹量告警器的工作原理

（a）无弹时翻板在弹簧拉力的作用下复位，翻板和传感器接触，使得传感器输出信号

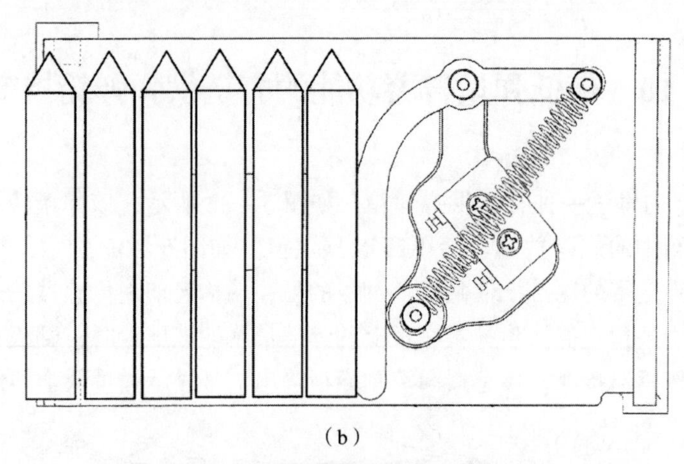

(b)

图 5－33 低弹量告警器的工作原理（续）

(b) 有弹时翻板被炮弹顶住，使得翻板和传感器脱离接触，不输出信号

第6章 快速补弹技术原理

随着小口径自动炮射速的不断提升，炮弹的消耗量也成倍增加，这导致火力系统有限的储弹量难以满足高频次、长时间的作战要求。为了解决该问题，火力系统一方面提高自身的储弹量，以满足长时间的作战要求，如美国的“密集阵”近防系统，其弹鼓的储弹量接近 1 000 发；另一方面采用快速补弹技术，以减少补弹过程消耗时间，如美国 A－10 攻击机的补弹拖车，可以以 450 发/分钟的速度向战机的弹鼓快速补充弹药。一般情况下，火力系统总储弹量受整体重量、安装尺寸和驱动动力等诸多因素的限制，所以构思快速补弹装置、减少补弹过程消耗时间是火力系统的第二个选择。

本章的前八节主要论述基于无链供弹的补弹装置工作原理和结构组成，最后两节介绍基于有链供弹弹箱的快换弹箱技术。从功能和结构上来说，补弹装置的结构与工作原理和供弹装置类似，区别只在于传输速度和自身较大的储弹量，因此无链补弹技术和有链补弹技术继承了无链供弹技术与有链供弹技术的优缺点。通过分析相关技术文献，可以预计未来自动炮的补弹装置将更多地基于无链供弹工作原理，且传输速度和自动化水平将会有大幅度的提高。

6.1 美制 F/A－18 战斗机的补弹拖车综合技术

Backus 等[43]为 F/A－18 战斗机的航炮设计了一款带弹壳回收功能的补弹拖车。如图 6－1 和图 6－2 所示，该补弹拖车主要由四轮拖车、大容量存储弹鼓、软导引、补弹接头和传动软轴等零部件组成。大容量存储弹鼓的储弹量可完成至少 2 次补弹操作，补弹速度约为 300 发/分钟。补弹接头是整个补弹拖车的关键零部件，它带有离合功能，可实现航炮和补弹拖车的联动补弹与独立运转两个功能。

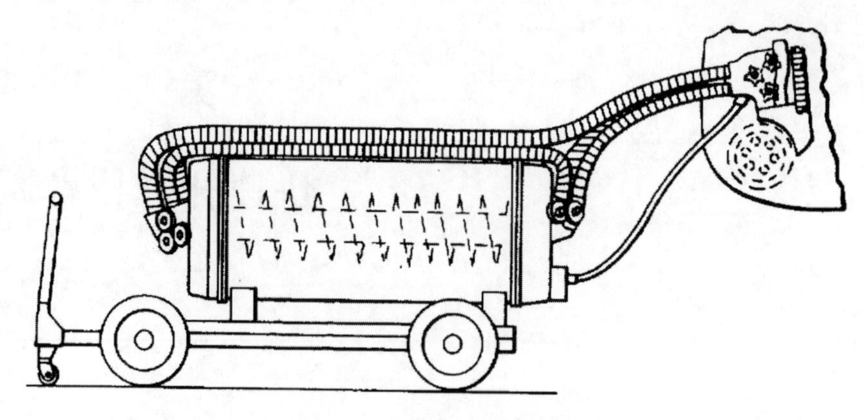

图 6-1　补弹拖车概念模型

图 6-2　战机下方的补弹拖车实物

解决问题：将补弹接头和航炮进弹导引上的调节器扣合、锁定后，可以实现机炮的快速补弹与弹壳回收，这有利于大幅度地减少补弹时间和人力消耗；大容量存储弹鼓具备屏蔽电磁波功能，可以最大限度地防止炮弹因电磁干扰而意外击发。

关键技术：补弹接头技术：如图 6-3～图 6-9 所示，将该补弹拖车的补弹接头和进弹导引上的调节器连接之后，可以实现补弹装置、航炮供弹装置的内部独立小循环（bypass 模式）与二者的联动补弹、弹壳回收大循环（load 模式）；其中比较关键的内容是 bypass 模式和 load 模式下的进弹路线设计、bypass 模式和 load 模式的转换凸轮设计、补弹接头相关活门与导引的联动开启机构和关闭机构设计。

优势及劣势：该装置可实现航炮系统的快速补弹和弹壳回收，整个装置储弹量大、自动化程度较高；但机械式的补弹接头结构较为复杂。

适用环境：自身没有动力的补弹拖车，适用于固定保障基地、航母等环境。

图 6－3　航炮弹鼓及其右上侧的补弹调节器

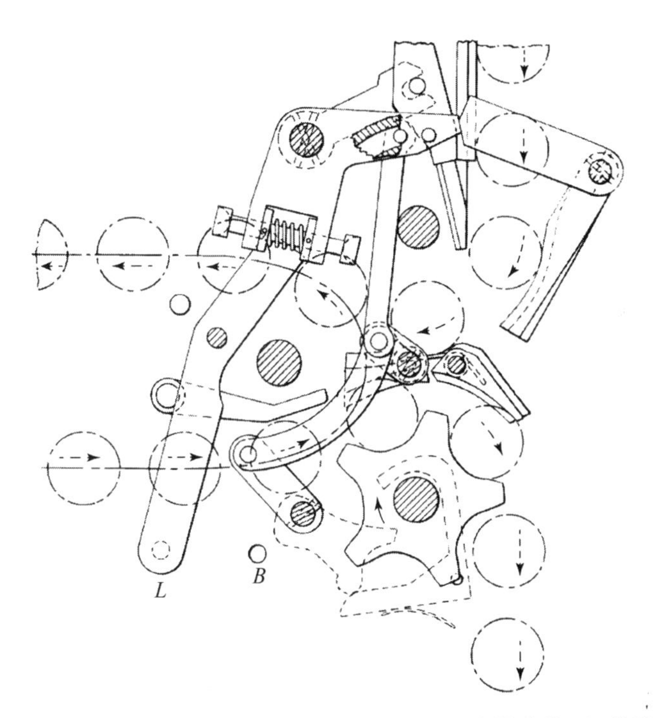

图 6－4　补弹模式下炮弹的输送路径（补弹接头和航炮供弹装置调节器结合后，采用 **load** 模式可以进行补弹。航炮弹鼓中的弹壳和哑弹从调节器上方经过软导引返回补弹拖车，拖车中的炮弹经过软导引进入调节器下方并最终进入航炮弹鼓。）

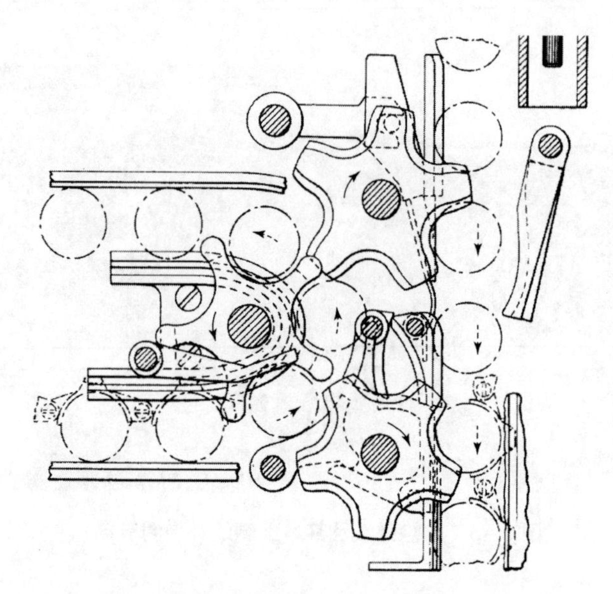

图 6-5 弹鼓和补弹接头的独立循环模式（补弹接头采用 **bypass** 模式时，补弹接头的软导引和航炮弹鼓调节器之间的通道封闭，可实现补弹装置与航炮供弹装置内部的独立循环。）

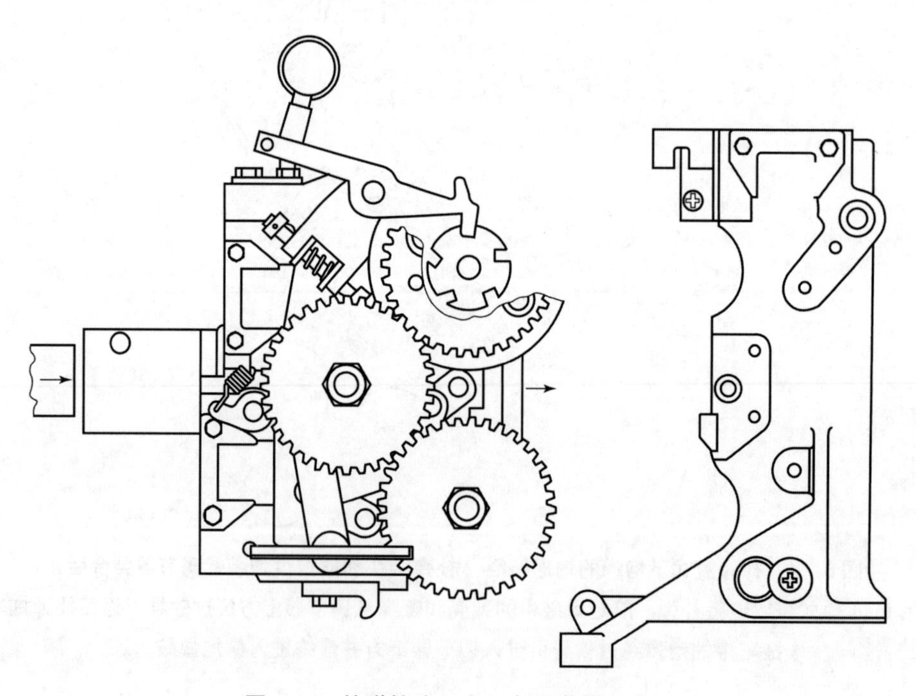

图 6-6 补弹接头（左）与调节器（右）

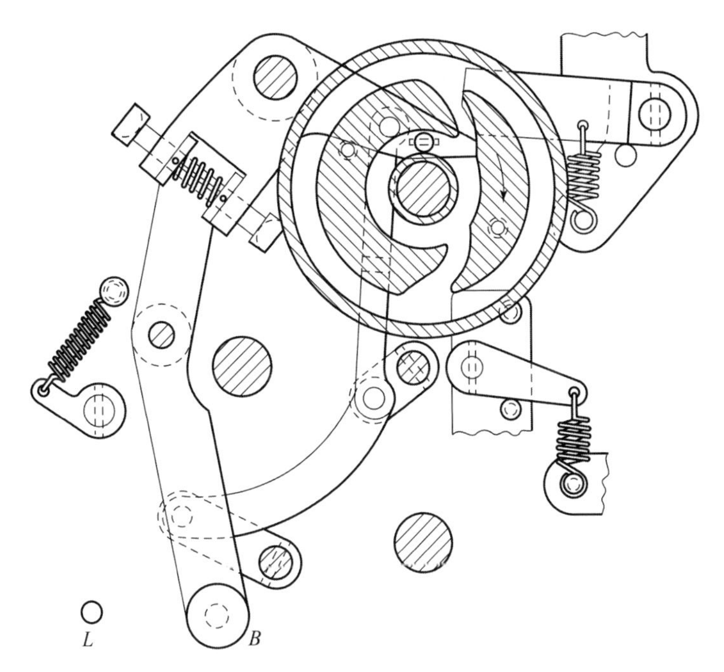

图 6-7　模式转换手柄和转换凸轮（整个装置通过手柄和凸轮协同作用，调整联动导引、活门在接头和调节器中的位置，以实现通道切换）

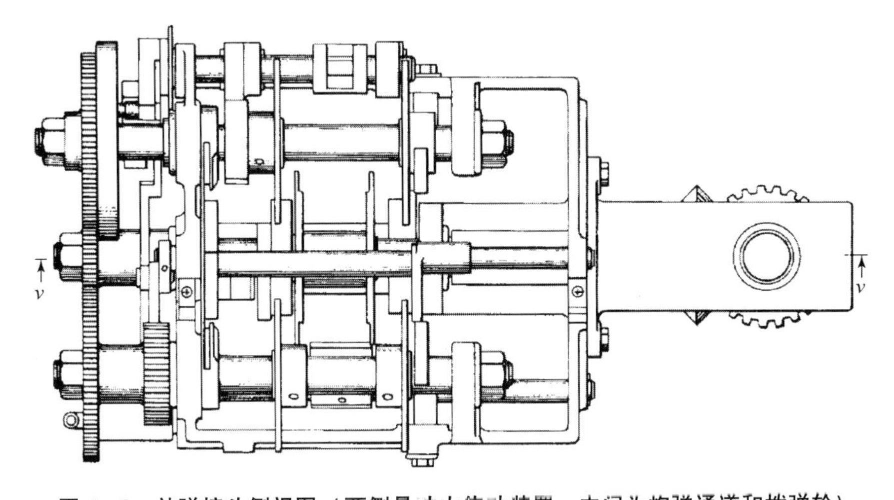

图 6-8　补弹接头侧视图（两侧是动力传动装置，中间为炮弹通道和拨弹轮）

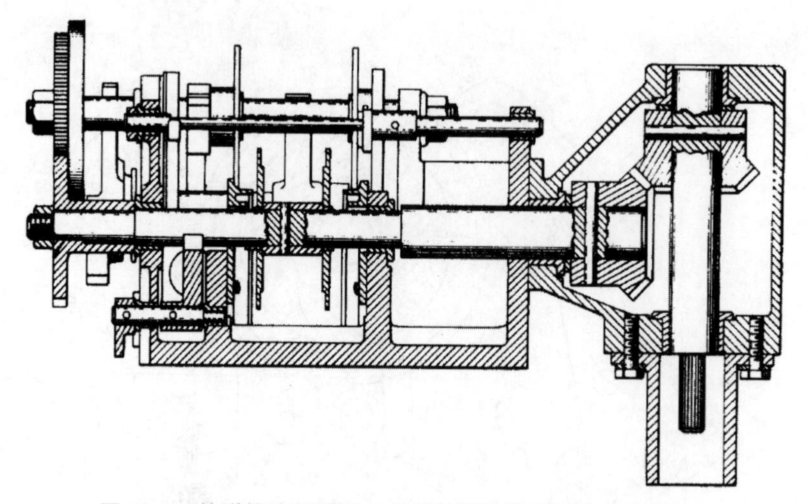

图6－9 补弹接头剖视图（右侧的锥齿轮是驱动动力接口）

6.2 美制A－10攻击机的补弹拖车技术

Pollock[44]为A－10攻击机的航炮构思了一款带有弹壳回收功能的补弹拖车。由于A－10航炮的炮弹需要屏蔽电磁波，所以炮弹被密封在特制塑料软管之中，塑料软管通过尼龙绳结成弹链带后才能便于补弹操作。如图6－10和图6－11所示，补弹拖车由前、后两部分组成，前车主要由弹链双向软导引、除链转鼓、补弹双向软导引、补弹接头和四轮拖车等组成，用于执行快速除链、补弹和弹壳回收等功能；后车主要由存储箱和四轮拖车组成，用于存储弹链带。存储箱中的弹链带经过弹链软导引后，进入除链转鼓抽弹除链并装入返回的弹壳、哑弹，然后被输送回储存箱；被除链后的炮弹进入补弹软导引和补弹接头，最终输送到航炮供弹系统之中。存储拖车内共存储约3 000发的炮弹，补弹速度约为450发/分钟。

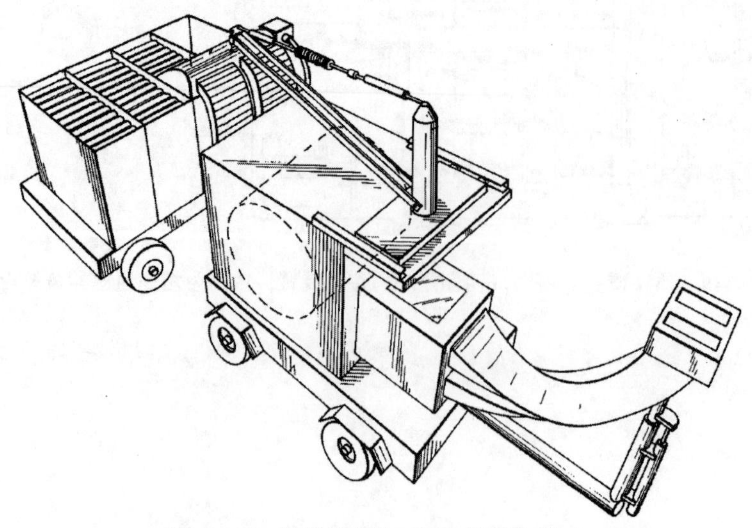

图6－10 补弹拖车前、后车的概念模型

图 6 – 11　补弹拖车前车实物

解决问题： 因为 A – 10 攻击机的弹鼓容量高达 1 350 发，且补弹过程需要屏蔽电磁波，还要将弹壳回收到塑料软管中去（图 6 – 12），人工补弹费力、耗时。通过使用专用的补弹拖车可以解决除了接头对准、锁定和弹链带输入等操作以外的大部分动作，补弹速度快、可靠性高。

图 6 – 12　补弹拖车后车储存箱中的塑料软管

关键技术： 除链转鼓技术：如图 6 – 13 ~ 图 6 – 18 所示，前车内的除链转鼓作为整个补弹拖车的核心，其功能是将弹链带中的炮弹抽出，并输送到补弹双向软导引中去；与此同时还将补弹双向软导引中的弹壳和哑弹压入弹链带，使其返回后车的储存箱。从结构上来看，该装置和转管炮机芯的结构类似，有一个旋转的星形体和多个前后滑动的除链压弹滑块组件。在导引和拨弹轮的配合下，该装置能快速、可靠地除链和压入弹壳及哑弹，因此星形体和滑块组件的设计是该技术中最为主要的内容。

优势及劣势： 该装置可实现航炮系统大容量弹鼓的快速补弹和弹壳回收，弹箱储存量大、补弹速度较高；但整个补弹拖车体积庞大，自动化水平较低；前车的软导引及补弹接头伸出距离过长，可能会导致软导引支撑装置受力过大而折断。

适用环境： 自身没有动力的补弹拖车，适用于固定保障基地、航母等环境。

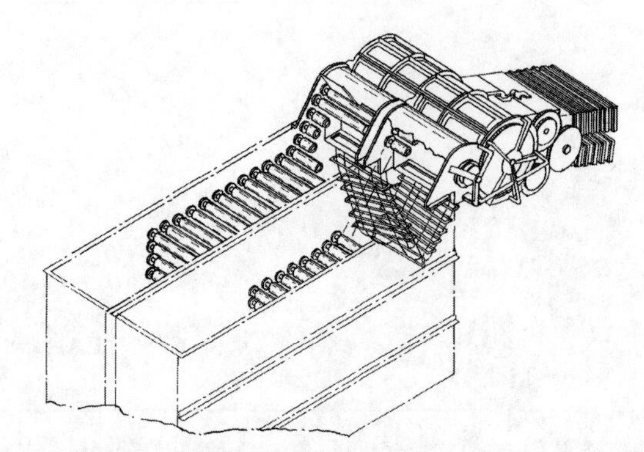

图 6－13　补弹拖车与除链转鼓（输送炮弹的弹链带和输送弹壳的弹链带分别存储在补弹拖车后车前后两个存储舱之中）

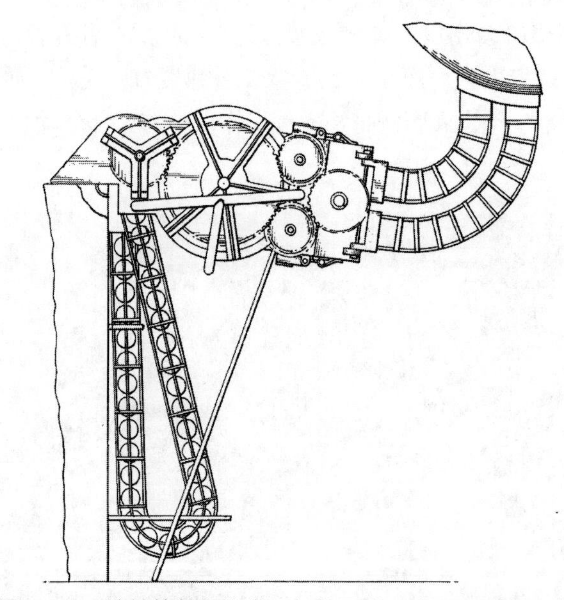

图 6－14　除链转鼓与补弹双向软导引（未显示补弹接头）

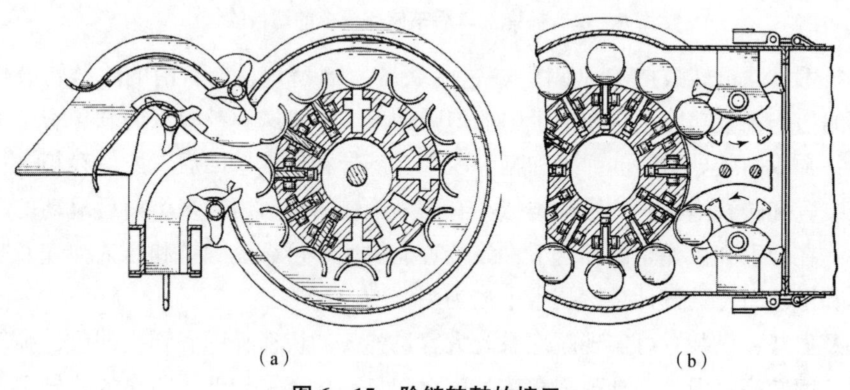

图 6－15　除链转鼓的接口

(a) 左端接口；(b) 右端接口

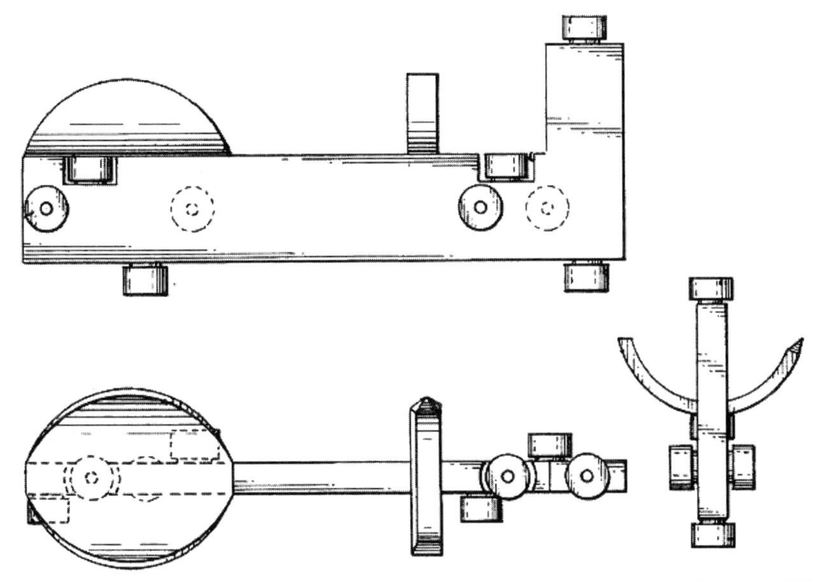

图 6－16　除链转鼓内的除链压弹滑块组件（除链压弹滑块的结构与转管炮的炮闩相似）

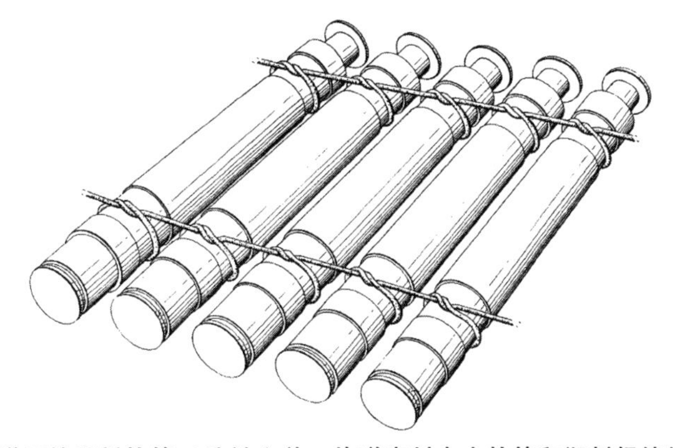

图 6－17　密封炮弹用的塑料软管（除链之前，炮弹密封在由软管和塑料绳编织成的弹链带之中）

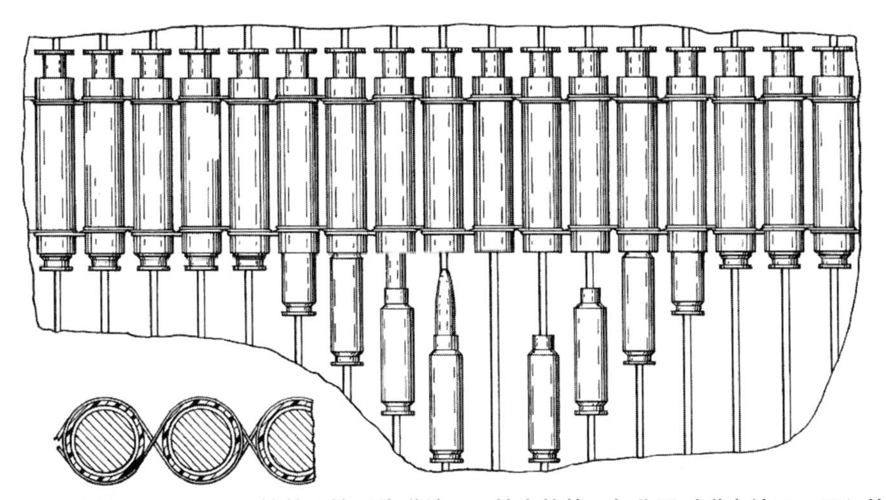

图 6－18　转鼓的工作原理（转鼓旋转后炮弹被逐一抽出软管，与此同时弹壳被逐一压入软管）

6.3 一种由链条驱动鼓内炮弹的补弹拖车技术

Yanusko 等[45]介绍了一种使用链条驱动弹鼓内部炮弹的补弹拖车技术。如图 6-19 和图 6-20 所示，补弹拖车主要由四轮拖车、存储弹鼓、拨弹滑轮组、集弹盘、齿轮箱、软导引和接头等零部件组成。炮弹通过固定的导轨槽卡在弹鼓之内，由拨弹滑轮组推送出弹鼓。补弹之前，该存储拖车的接头和弹种混合装置的输出接口对接（图 6-21），实现存储弹鼓内部炮弹的快速补充；补弹时，该存储拖车的接头和战斗机的补弹调节器对接，可以实现航炮弹鼓的快速补弹和弹壳回收。该补弹装置可以由手动或者气动扳手驱动，最佳补弹速度约为 830 发/分钟，最大储弹数量为 2 300 发。

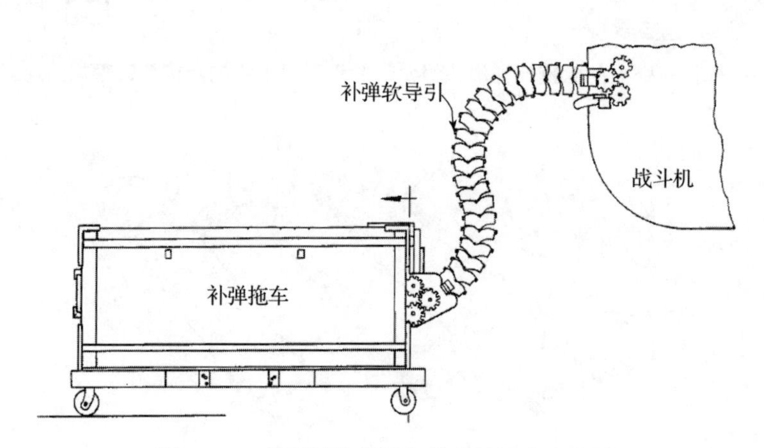

图 6-19　补弹拖车为战机补弹的概念示意图

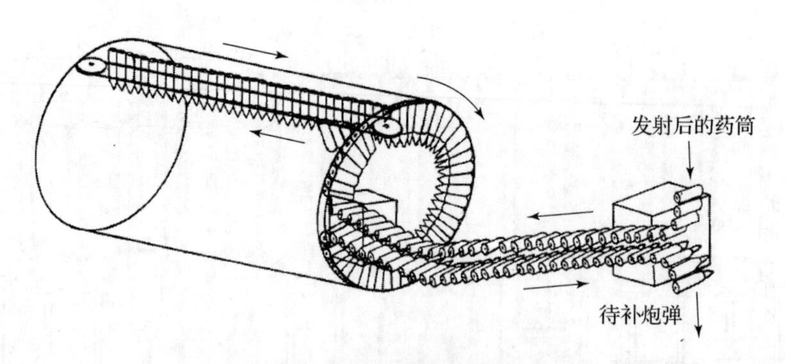

图 6-20　补弹时炮弹的传输路线

解决问题：将补弹接头和航炮进弹导引上的调节器扣合、锁定后，可以实现航炮的快速补弹与弹壳回收；将补弹接头和弹种混合装置输出接口对接，又可以实现补弹拖车自身的快速续弹。因此该补弹拖车是一款功能比较齐全、机械化水平较高的补弹装置。

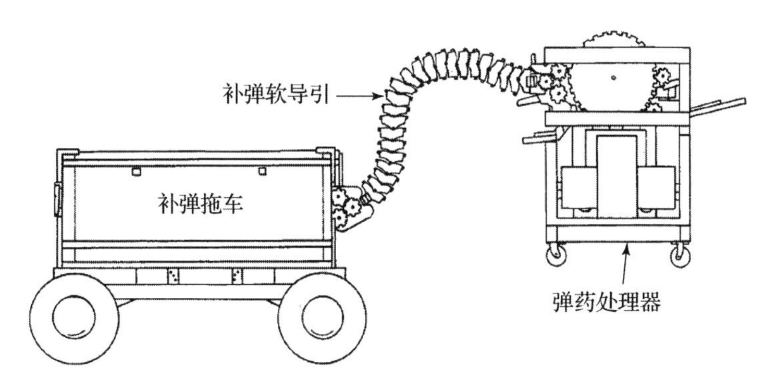

图 6－21　补弹拖车自身续弹的概念示意图

关键技术：存储弹鼓连续出弹技术：外部动力驱动集弹盘、摆动臂和拨弹链条的同时，还驱动内鼓和分度凸轮运动。内鼓持续性地缓慢地逆时针旋转，摆动臂与其同步旋转并带动拨弹滑轮组进行拨弹，一旦内鼓中的一排炮弹被完全拨出，在分度凸轮的驱动下摆动臂进给一定角度（此时集弹盘和摆动臂同时、同向运转），然后再随着内鼓同步旋转并拨弹。如图 6－22 和图 6－23 所示，出弹过程为 4 个重要零部件的联动过程：①内鼓持续逆时针旋转；②拨弹滑轮组（链条、链轮）的运转；③集弹盘的顺时针旋转；④凸轮分度装置与摆动臂的进给运动。

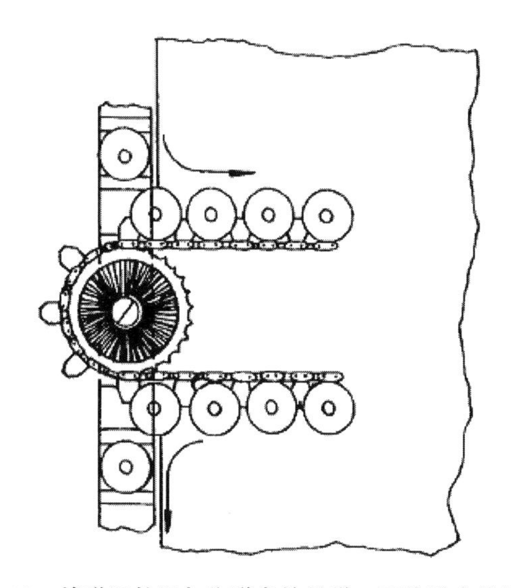

图 6－22　拨弹滑轮组与集弹盘的供弹、回收弹壳传输路线

优势及劣势：补弹速度快，且一个补弹接头可以对接两款后勤装备；但该补弹装置的间歇运动装置比较复杂，而且当弹鼓中炮弹的重力方向发生变化时，补弹装置有卡弹的风险。

适用环境：自身没有动力的补弹拖车，适用于固定保障基地、航母等环境。

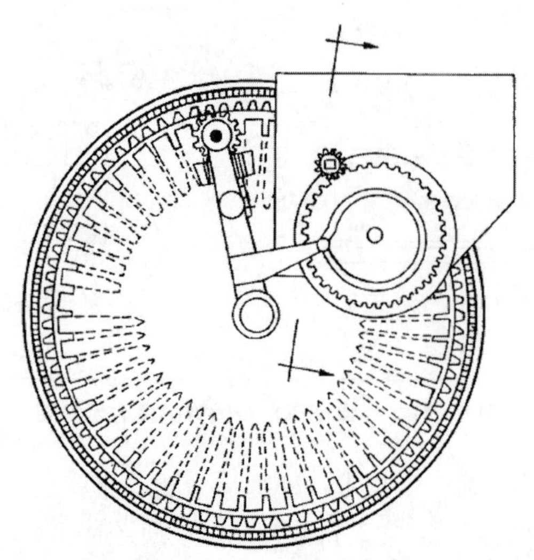

图 6-23 产生间歇运动的齿轮箱、摆动臂、集弹盘与弹鼓的相对位置

6.4 具备弹种混合功能的炮弹快速处理技术

虽然上一节介绍了 Yanusko 等设计的补弹拖车，但是考虑到补弹拖车自身也需补弹和处理弹壳，为此 Yanusko 等[46]构思了一款具有多种功能的弹药处理装置，其使用方法和外观如图 6-24 和图 6-25 所示。其具体功能分析如下：①如图 6-26 所示，将零散的炮弹直接倒入弹药处理装置的漏斗后，弹头方向不正的炮弹将被重新定向，然后被弹药处理装置中的凸轮拔掉弹头塑料软管，并输送到弹药处理装置的输出端。②如图 6-27 和图 6-28 所示，弹药处理装置还带有两个独立的补弹托板，其中一个补弹托板的功能和上述漏斗的功能基本相同，可直接放入炮弹；另一个补弹托板带空位探测功能，当手工排列的炮弹存在空位时，可以将不同类型的炮弹插入炮弹空位之中。③接入补弹拖车的补弹接头时，弹药处理装置的上接口将新弹输入补弹拖车，下接口将补弹接头返回的弹壳直接漏入存储箱之中，哑弹被托盘接住（累积到一定程度后进行处理）。

解决问题：具备多种功能的弹药处理装置，主要用于解决补弹拖车自身的补弹及弹壳和哑弹的处理问题；使用该装置有利于大幅度地减少弹药处理时间和人力消耗，提升操作安全性；而且通过预留弹药混装接口，可以探测传输转轮中的空弹位，并按照预定规则装入其他类型弹药。

关键技术：①炮弹再定向技术：将零散的炮弹倒入漏斗之后，炮弹被搅动滚轮调整姿态以防止炮弹之间发生挤压，然后在拨弹轮和导引的协助下进入收敛螺旋，收敛螺旋将炮弹重新定向；如图 6-29 所示，拔掉塑料软管后，在拨弹轮的作用下炮弹最终被卡入弹药处理装置中间的传输转轮；②空位探测与补弹联动技术：一个带弹簧的小滚轮探测大传输转轮中的空弹位，当传输转轮中有空弹位时，其上侧的凸轮复位，不再阻挡另一个托盘中的炮弹；而当传输转轮中没有空弹位时，凸轮突出将另一个托盘中的炮弹挡在入口之外。

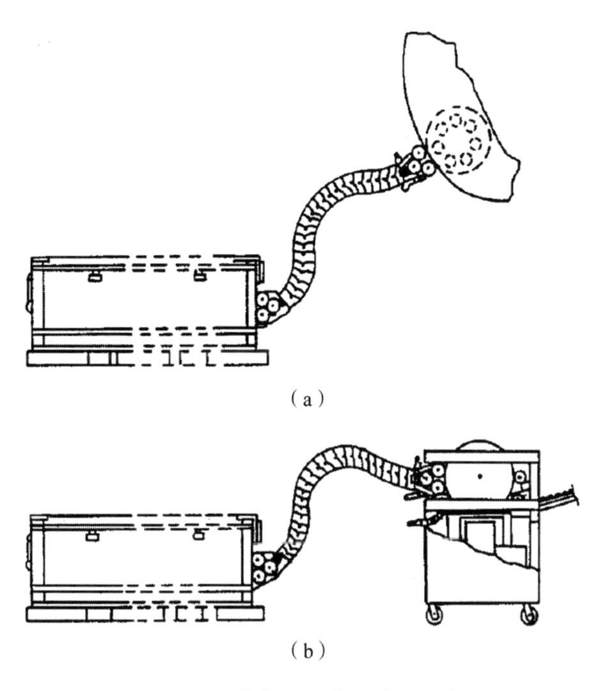

图6-24　弹药处理装置的使用方法

（a）补弹拖车和战机转管炮的供弹装置衔接，用于战机补弹和弹壳回收；

（b）补弹拖车和弹药处理装置衔接，用于补弹拖车自身补弹和弹壳回收

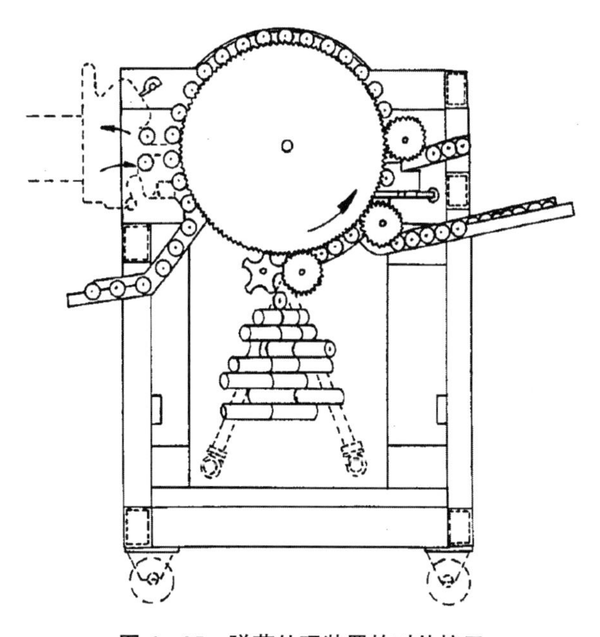

图6-25　弹药处理装置的对外接口

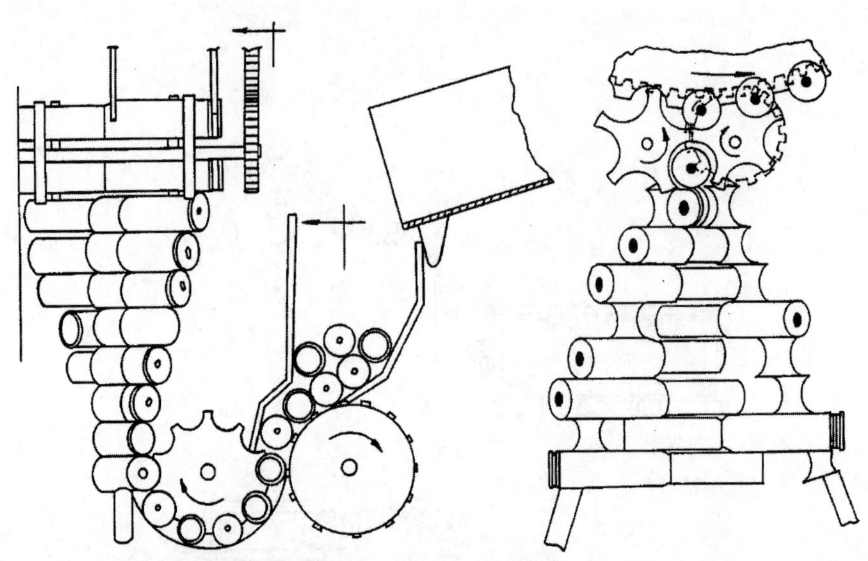

图 6－26　倒入散弹后的炮弹再定向原理（为了防止炮弹在漏斗中卡住，使用搅动滚轮逆向翻动炮弹；对于不同方向的炮弹，使用 2 根螺杆配合导引将其重新定向）

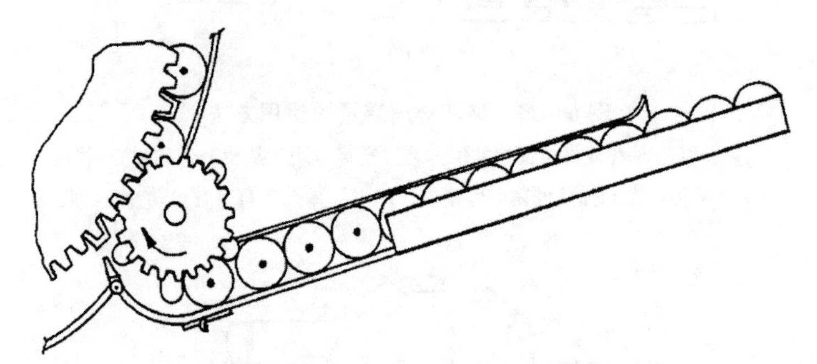

图 6－27　第二种装填炮弹的方法（不倒入散弹时可以使用补弹托板人工排放炮弹）

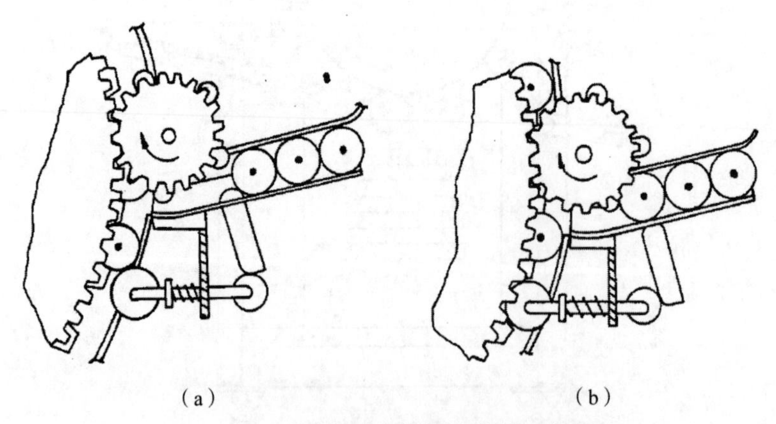

（a）　　　　（b）

图 6－28　空位探测和小托板联动补弹原理

（a）滚轮突入传输转轮之前，凸轮卡在小托板通道之中；

（b）滚轮探测到空位后，凸轮从小托板中抽出，炮弹在拨弹轮的驱动下进入传输转轮

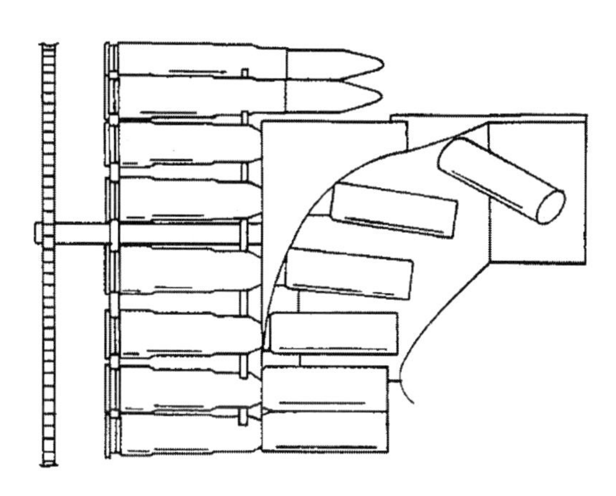

图 6－29　去除弹头塑料软管的动作原理（传输转轮装入炮弹之后，被凸轮拔掉弹头上的塑料软管）

优势及劣势：该弹药处理装置功能比较丰富，但炮弹重新定向过程的运动可靠性难以保证。

适用环境：该装置需要使用外部能源（高压气源或电力），适用于固定保障基地、航母等环境。

6.5　便携式补弹机技术

对于那些没有固定基地或者基地后勤服务功能不是很完善的操作环境，Kazanjy[47] 设计了一种可被载具携行的便携式补弹机。如图 6－30 所示，该补弹机主要由三级拨弹轮、箱体（含补弹框）、电机及其控制装置构成。和武装直升机（战车）的补弹接口固连后，通过使用 11 发 1 夹的弹链夹（图 6－31），该补弹机可以将弹药输送到机动火力系统的弹箱之中。

解决问题：野战环境下，为了便于快速地完成机动火力系统的补弹工作，设计了基于 11 发炮弹的弹夹和便携式补弹机。两者结合使用有利于减少补弹时间和操作人员数量，适用于诸多无链供弹装置的补弹过程。

关键技术：①补弹用弹链夹技术：如图 6－32 所示，能夹持 11 发炮弹的弹链夹由非金属弹性材料制造，且可循环利用；在补弹机中可弯折一定的角度，并可在炮弹剥离之后直接排出补弹机。②便携式补弹机技术：如图 6－33 所示，该装置可以折叠收纳，由外部电力或者自身电池组驱动；电机反转（或系统反转）时，可将机动火力系统中的炮弹反向退回到弹性弹链夹之中。

优势及劣势：使用 11 发 1 夹的弹链夹可以减少补弹时间；非金属弹链夹和金属弹链相比，还可以减少弹药包装箱的总质量和总体积。无明显劣势。

适用环境：野战环境或者基地后勤服务功能不是很完善的补弹操作环境。

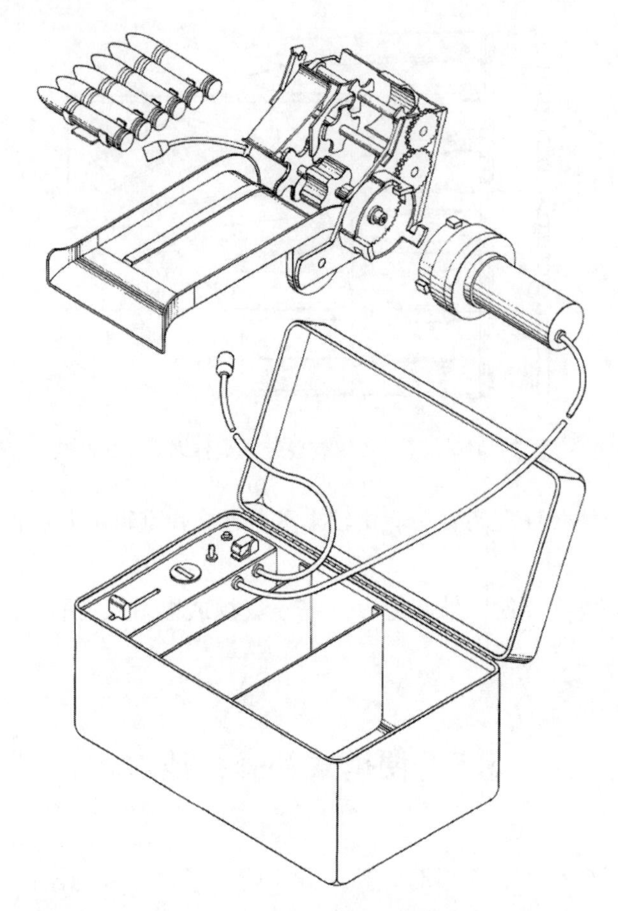

图 6－30　弹夹、便携式补弹机及其驱动箱（包装箱）

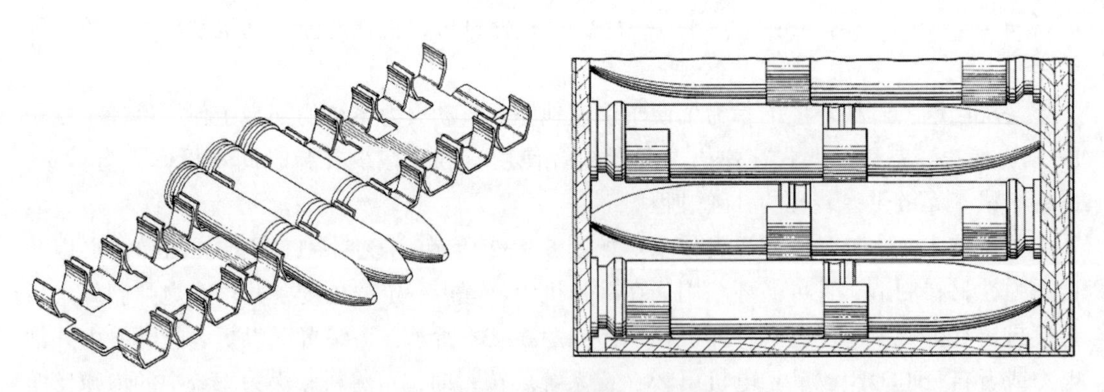

图 6－31　弹夹和炮弹出厂包装箱

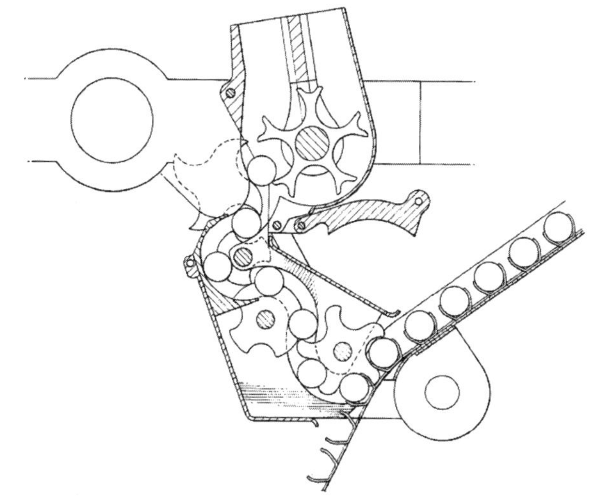

图 6－32　便携式补弹机的工作原理

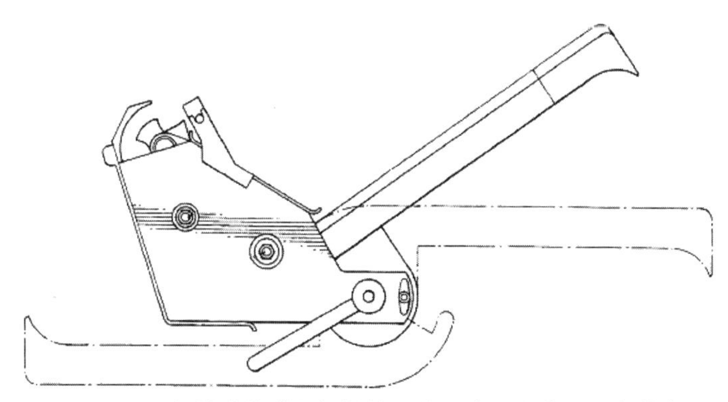

图 6－33　便携式补弹机托板的工作、水平和收纳三个状态

6.6　一种使用大模数齿轮对准相位的补弹接头技术

Christenson[48] 基于大模数齿轮设计了一种可以补弹和回收弹壳的补弹接头。如图 6－34 所示，该补弹接头可以和无链供弹装置的补弹口快速地分离与结合。在使用大模数齿轮（大模数齿轮齿数和拨弹轮的卡槽数量相等）对准相位之后，接头中的拨弹轮和导引会自动地形成传输通道。

解决问题：转管炮的供输弹装置在补弹时要能做到边补弹，边回收弹壳和哑弹。使用该补弹接头，不仅可以使补弹接头和弹箱补弹口快速分离与结合，而且可以使拨弹轮通道与齿轮啮合相位准确对齐。

关键技术：补弹接头技术：如图 6－35 所示，可快速旋转分离和扣合的补弹接头分为上、下两块，整体结构比较简单；大模数齿轮用于拨弹轮通道的快速对准，但需要特别注意模数、齿数、拨弹轮卡槽数与传动比之间协调性关系。

优势及劣势：补弹接头使用大模数齿轮易于相位对准，结构简单可靠，便于分离与扣合；无明显劣势。

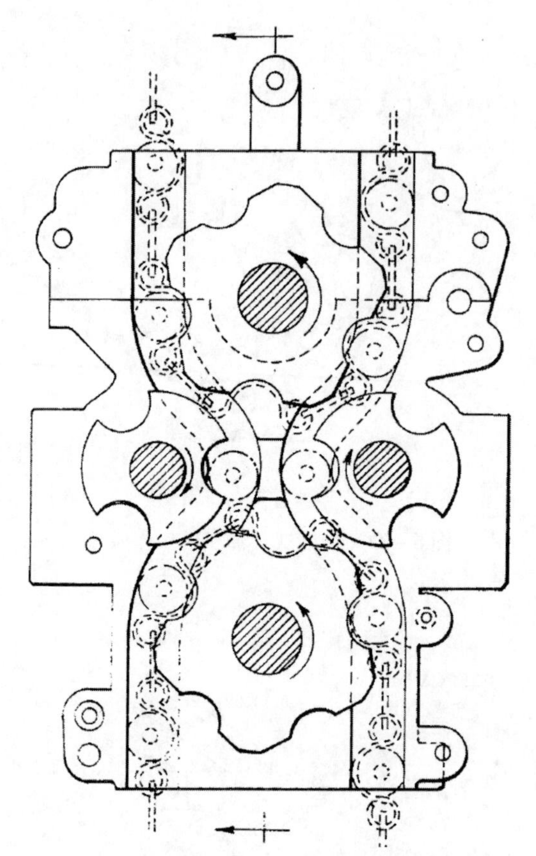

图 6－34 补弹接头内部炮弹和弹壳的传输通道

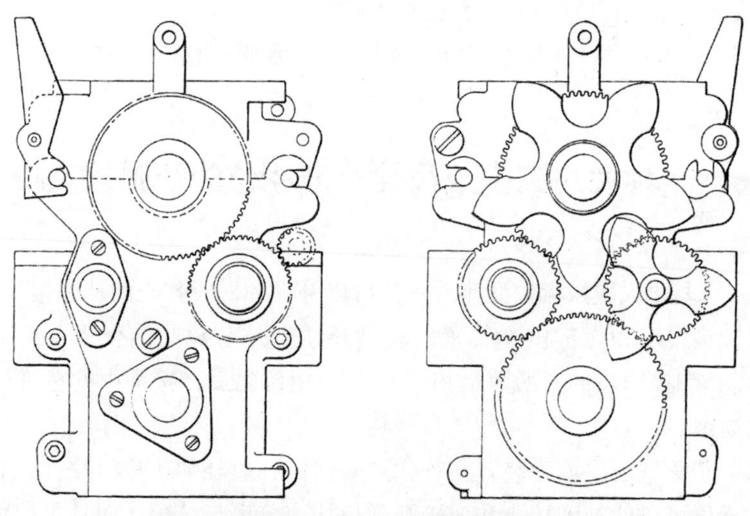

图 6－35 补弹接头正面和背面的传动齿轮

适用环境：搭配补弹软导引，适用于鼓式、箱式无链补弹系统。

6.7 “密集阵”近防系统的多相位补弹接头技术

美国的“密集阵”近防系统使用长弹链为弹鼓补弹，Yu[49]设计了一种基于罗茨齿轮的补弹接头，如图 6 – 36 ~ 图 6 – 38 所示，将长弹链绕在补弹接头之内，该接头旋转扣合后自动对准拨弹轮和传动齿轮相位；在拨弹轮的作用之下，长弹链和弹鼓的传输导引进行炮弹与弹壳的交换。

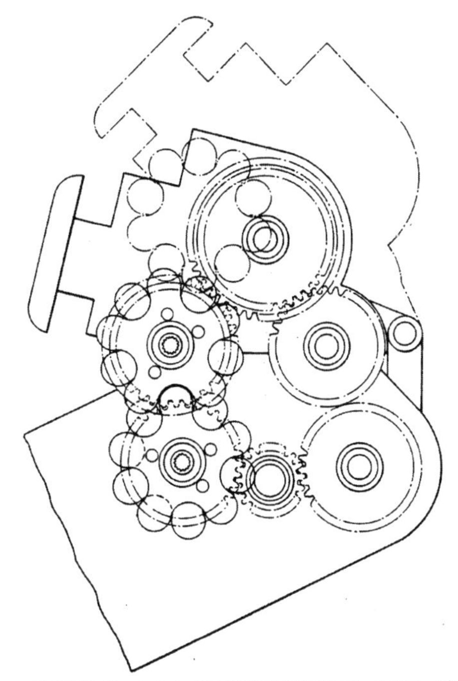

图 6 – 36　补弹接头（上）和供弹系统接口（下）的扣合过程

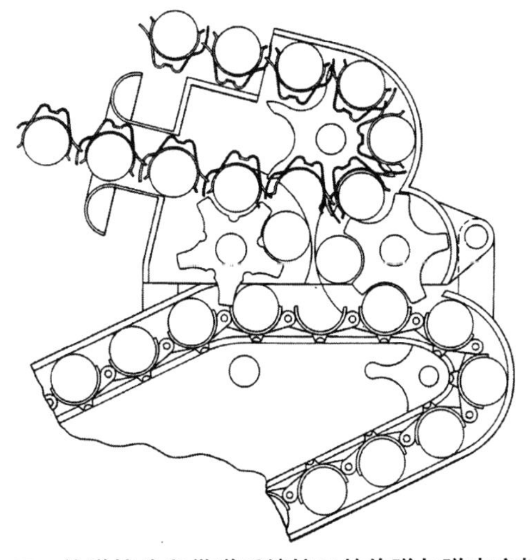

图 6 – 37　补弹接头和供弹系统接口的炮弹与弹壳交接原理

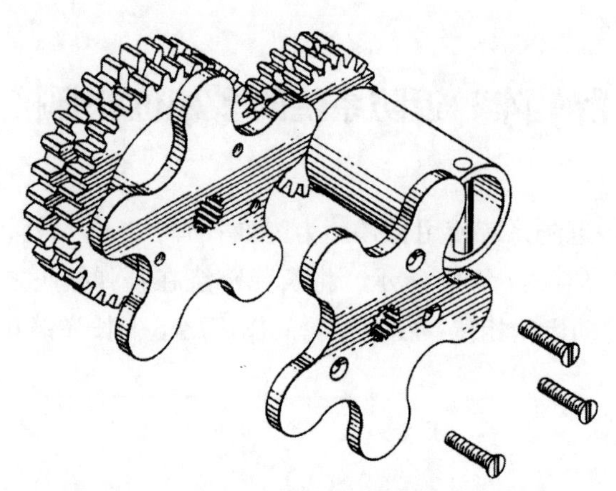

图6-38 补弹接头中用于对准相位的罗茨齿轮

解决问题：最初“密集阵”近防系统的补弹接头中，使用36齿的传动齿轮不能很好地匹配5卡槽的拨弹轮，导致整个齿轮只有一个相位用于啮合与装弹。改进后使用30齿的传动齿轮匹配5卡槽的拨弹轮，使得齿轮每72°就有一个对准相位；其次是利用罗茨齿轮轮廓外形准确匹配拨弹轮和齿轮相位（图6-39），解决了二者盲对相位问题，极大地提升了操作便捷性。

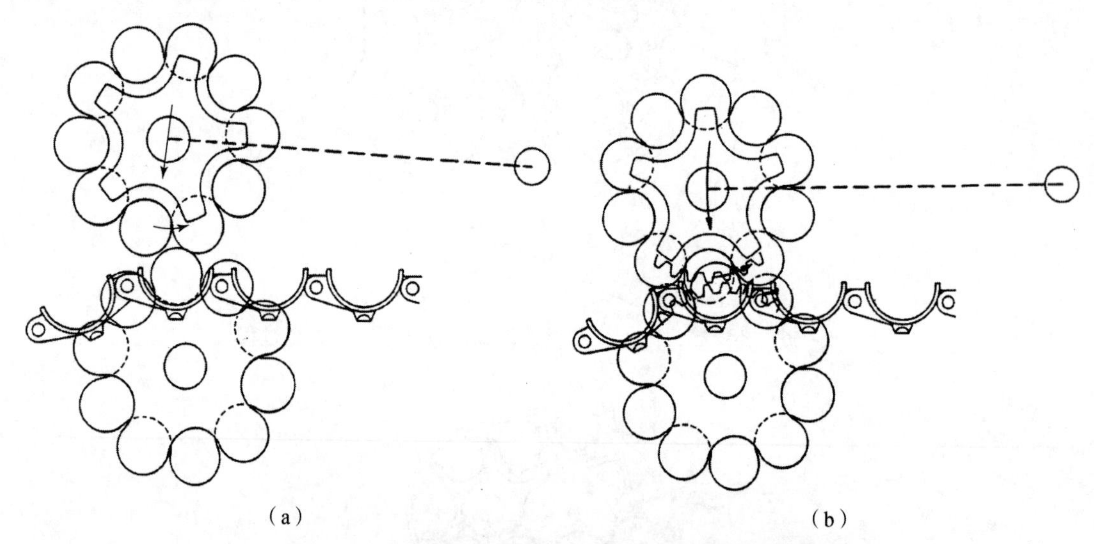

图6-39 补弹接头旋转扣合过程中的相位对准原理

(a) 相位对准之前，罗茨齿轮首先进入啮合；(b) 相位对准后，传动齿轮进入啮合

关键技术：补弹接头齿轮、拨弹轮与罗茨齿轮匹配设计技术：通过修配齿轮齿数，设计对应同轴拨弹轮卡槽数量及罗茨齿轮齿数，使得上下传输通道的传输齿轮每72°就有一个补弹的相位。

优势及劣势：可盲对相位的补弹接头极大地提高了补弹操作过程便捷性。无明显劣势。

适用环境：搭配补弹软导引，适用于鼓式、箱式无链补弹系统。

6.8　基于顶置环形阵列和线性阵列小型弹箱的快换弹箱技术

对于某些有链供弹自动炮来说，更换整个弹箱比更换弹箱中的弹链带要快得多，因此Testa等[50]论述了一种基于顶置式环形阵列和线性阵列小型弹箱的快换弹箱技术，整个装置的轮廓外观如图6-40和图6-41所示。通过使用弹箱和自动炮之间的摆动臂与导轨，顶置式供弹系统可以将小型弹箱从炮塔边缘推送到自动炮一侧的进弹口。这种小型弹箱可以采用有链供弹，也可以采用无链供弹。

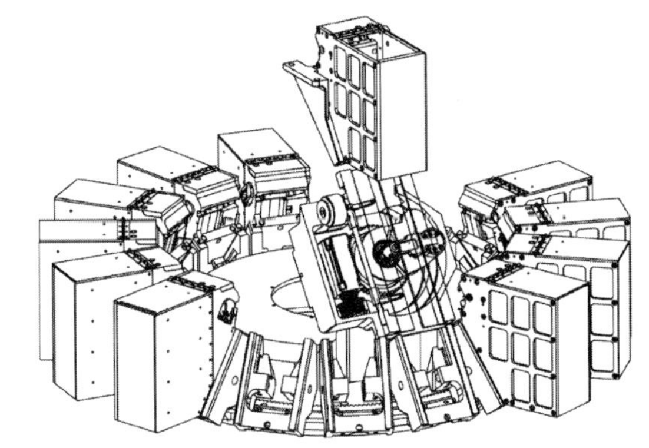

图6-40　基于顶置环形阵列的小型弹箱与摆动臂的位置关系

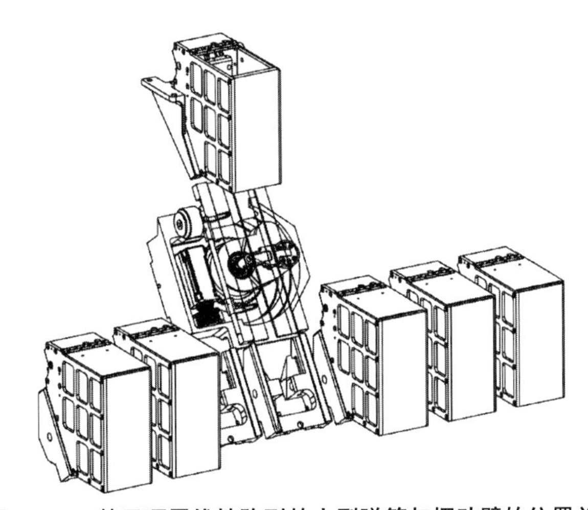

图6-41　基于顶置线性阵列的小型弹箱与摆动臂的位置关系

解决问题：基于顶置无人炮塔的弹箱快速更换技术，能够实现自动炮多个弹种之间的快速切换；因为小型弹箱环绕在炮塔的外围，所示弹箱也成为炮塔防护装置的一部分。

关键技术：①弹箱摆动臂技术：如图6-42所示，摆动臂配合导轨要将空弹箱撤回，并放置在炮塔周围任意一个卡槽之中，还要将附近的小型弹箱勾住并摆动举升到位；②小型弹箱与自动炮接口技术：小型弹箱摆动到位后，其传动齿轮、拨弹轮要和自动炮的传动齿轮、拨弹轮对正，以完成传动动力和拨弹轮相位的对准工作。

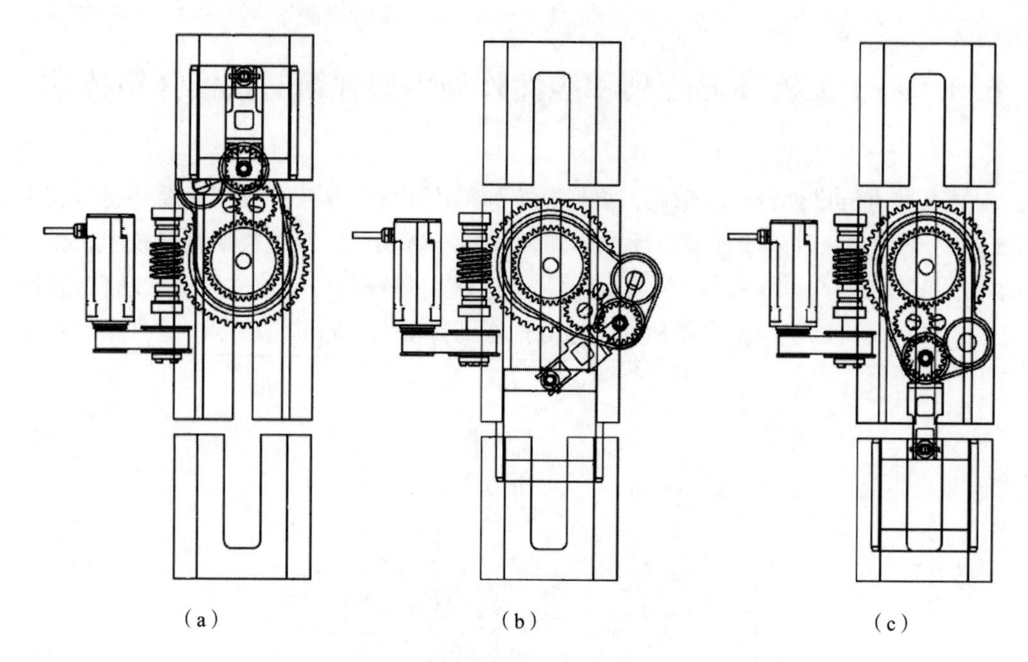

图 6-42 摆动臂配合导轨勾住弹箱向下推送的过程

（a）摆动臂勾住小弹箱；（b）摆动臂向下推送小弹箱；（c）小弹箱被放置到位

优势及劣势：首先，多个弹箱意味着弹种类型丰富、供弹可靠性高；其次，单个弹箱重量小，驱动小型弹箱所需功耗很低。但小型弹箱的容弹量较少，使得自动炮最大长点射发数存在较大限制。

适用环境：车载、舰载或者固定平台的无人炮塔（图 6-43）。

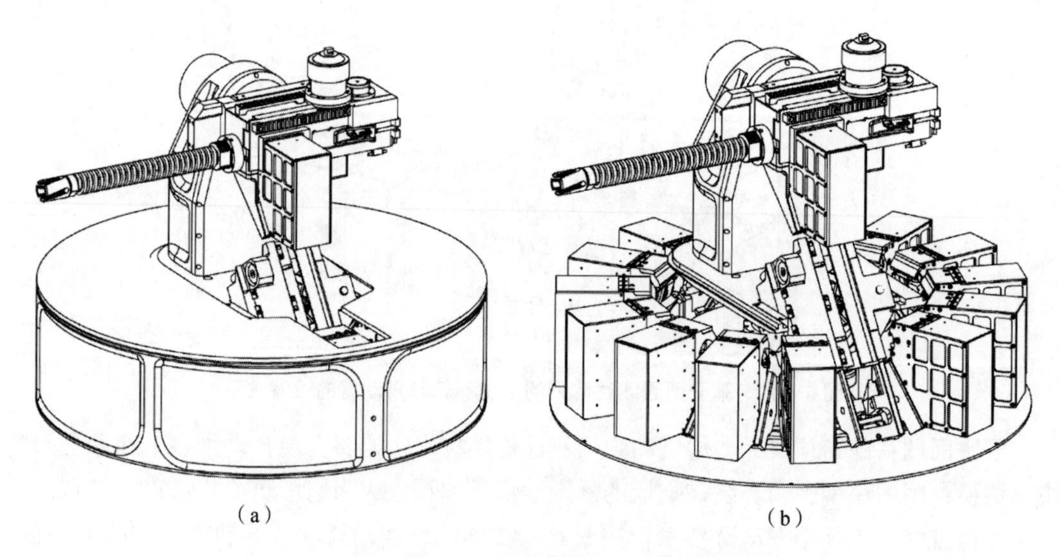

图 6-43 供弹系统与自动炮结合后的轮廓外观

（a）供弹系统带弹箱外罩；（b）供弹系统不带弹箱外罩

6.9　无人炮塔的快换弹箱策略

Kaustrater[51－52]探讨了装甲车内部可升降、可与无人炮塔中的自动炮快速结合的两种快换弹箱技术。第一种技术装置如图 6－44 和图 6－45 所示，其中弹箱数量较少，供弹路线也较为简单；第二种技术装置中有 12 个小型弹箱，如图 6－46～图 6－48 所示，这些弹箱组成的弹库与立体仓库类似，安装在装甲车的后部；弹库内部有链传动装置和气动装置，可将小型弹箱向自动炮方向推送。小型弹箱中的炮弹被消耗完毕后，向两侧推送并被直接扔出炮塔。

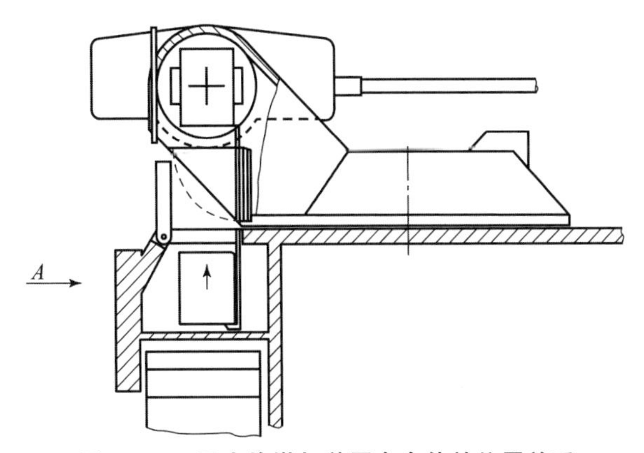

图 6－44　无人炮塔与装甲车车体的位置关系

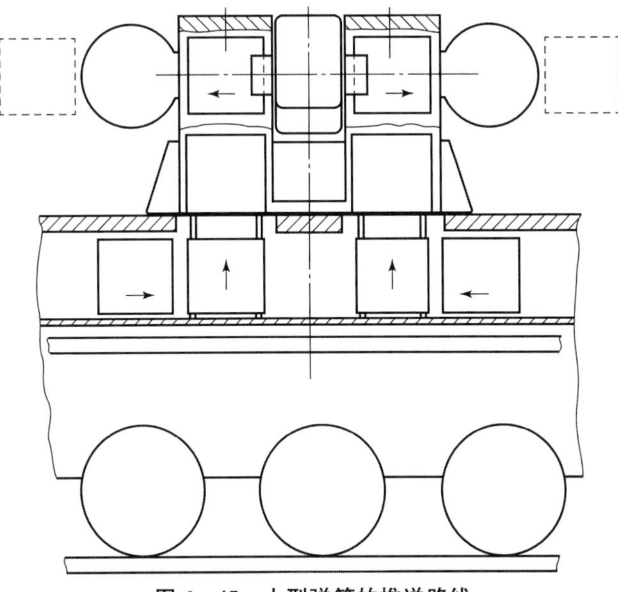

图 6－45　小型弹箱的推送路线

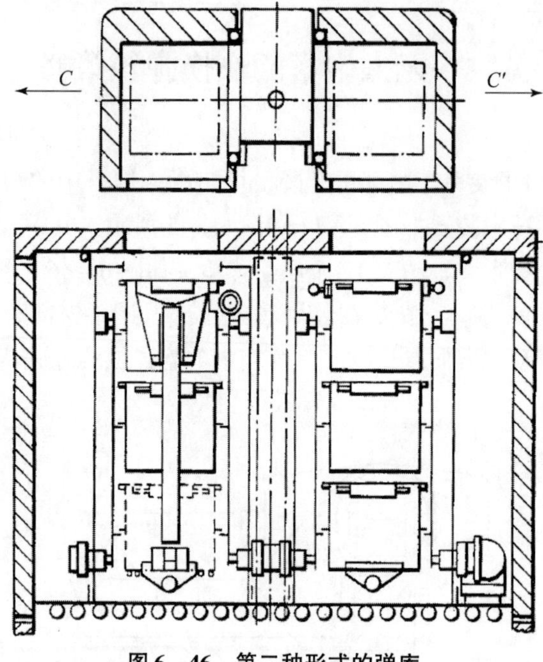

图 6-46 第二种形式的弹库

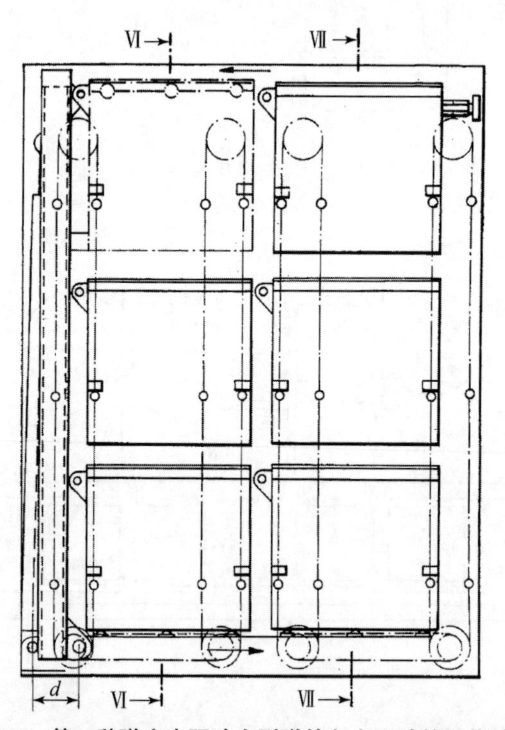

图 6-47 第二种弹库中驱动小型弹箱向上运动的链传动装置

解决问题：结构紧凑型无人炮塔，必须通过撤换小型弹箱才能解决自动炮的补弹问题。

关键技术：小型弹箱快换技术：在装甲车车体后部建立弹库，并采用链传动装置使小型弹箱在弹库内循环，再通过气动装置将弹箱向上举升实现小型弹箱和自动炮的结合。

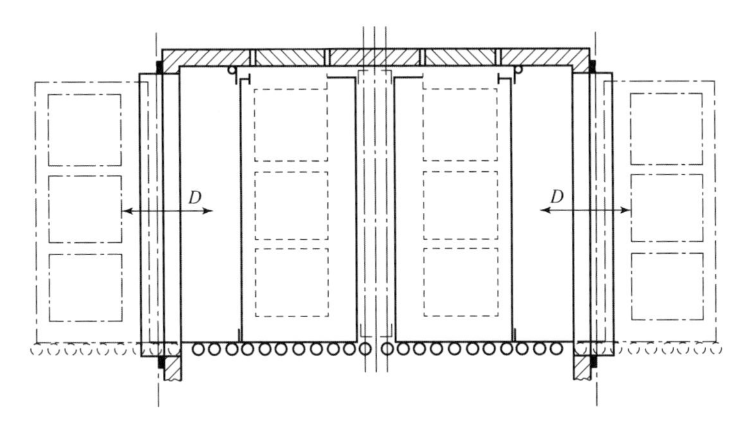

图 6－48　可向两侧旋转的弹库（弹库可绕立柱向两侧旋转，以方便弹箱存取）

优势及劣势：弹库内部可存储多种类型的炮弹，并能在内部实现弹种选择。无明显劣势。

适用环境：车载、舰载或者固定平台的无人炮塔。

6.10　半无人化炮塔的快换弹箱技术

以色列的 Chachamian 等[53]为半无人化炮塔设计了一款弹箱快速更换装置。如图 6－49 和图 6－50 所示，该炮塔中的自动炮（机枪）基于有链供弹原理，小型弹箱装配有余弹传感器，可感知弹箱中剩余炮弹的数量。当自动炮需要补弹时，操作人员首先扳动手柄使气动托板下降以复位，将弹箱更换后，再扳动手柄将气动托板和弹箱一起举升到位，小型弹箱举升到位后还需要人工手动结链。以上过程除手工结链外，也可以自动化地完成。

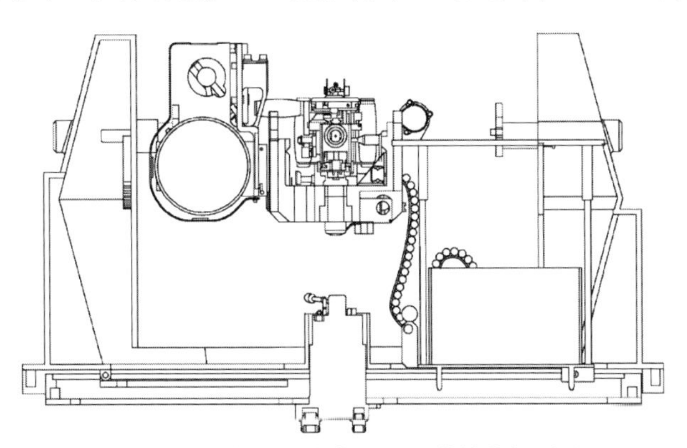

图 6－49　炮塔、自动炮和小型弹箱的相对位置

解决问题：结构紧凑型半无人化炮塔可以从车内将小型弹箱自动化地举升到自动炮进弹口附近，这种操作方式可以避免操作人员暴露在车体防护之外。

关键技术：气动升降弹箱技术：如图 6－51 所示，炮塔下的气动升降托板可根据小型弹箱中余弹数量的多少，自动（或手动）地将弹箱降下来和升上去，以方便操作人员为武器补弹。

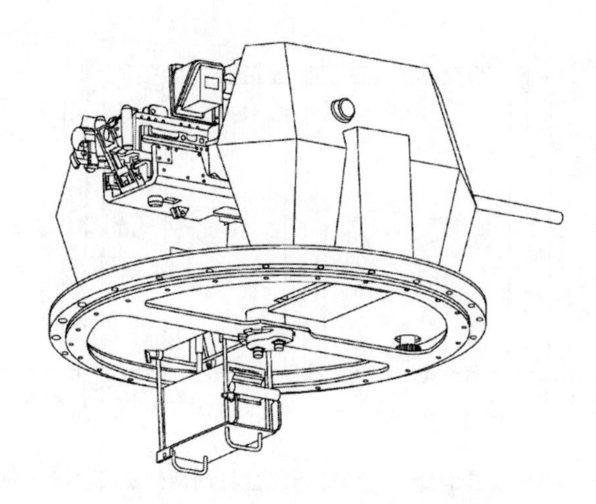

图 6-50 炮塔下的小型自动升降弹箱

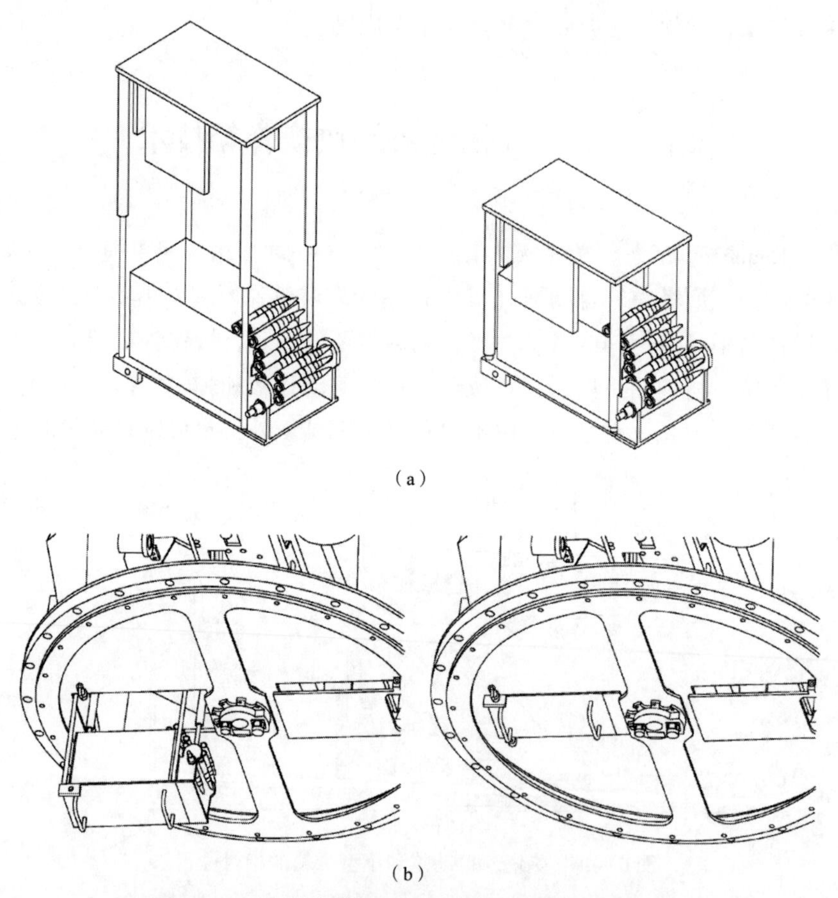

（a）

（b）

图 6-51 小型弹箱极限位置及其与炮塔的位置关系

（a）小型弹箱的两个极限位置；（b）小型弹箱的两个极限位置与无人炮塔底板的位置关系

优势及劣势：自动化地升降弹箱省时省力，还可以避免操作人员暴露在炮塔之外；但是有链供弹的自动炮需要在停射前预留出一定长度的弹链带，以方便后续结链。

适用环境：车载、舰载或者固定平台的半无人化炮塔。

第7章 供弹刚导引与软导引技术原理

刚导引和软导引及其接头装置是连接自动机与储弹具的重要装置。刚导引一般为薄壁壳体，主要依赖壳体内表面的凸起（筋）形成规整炮弹姿态的输弹通道；软导引一般为片体或者框体，多个片体或者框体通过柔性绳索或者弹簧片串联、叠加并扭曲成各种空间曲线后，依赖片体或框体横截面内侧的凸起（筋）形成规整炮弹姿态的输弹通道。软导引及其接头作为某些供弹装置的最后一环，一般需要根据自动炮性能与射击起始状态预置一定的扭转角度和纵向位移。

本章的前七节主要论述刚导引及其接头的结构和工作原理，最后十节主要讨论软导引的结构和工作原理。

7.1 基于封闭循环链围的无链供弹刚导引技术

Kirkpatrick[54]论述了基于闭合传输链围的无链供弹刚导引结构与设计原理。如图7－1～图7－3所示，刚导引由外壳、链轮、弹托、弹托连接销及固定导轨等零件组成。闭合链围的运动轨迹需根据弹托数量、弹托α角、炮弹节距、链轮节圆等参数确定。

解决问题：基于弹托轮廓外形等参数设计了闭合链围的运动轨迹，能有效减少高速供弹过程中弹托的速度波动率，提高供弹过程的平稳性和供弹速度。

关键技术：刚导引中炮弹运动轨迹设计技术：如图7－4所示，基于弹托、炮弹的形状参数及链轮的参数，推导出弹托连接销的运行轨迹及炮弹的运动轨迹，使得刚导引通道的设计规范化。

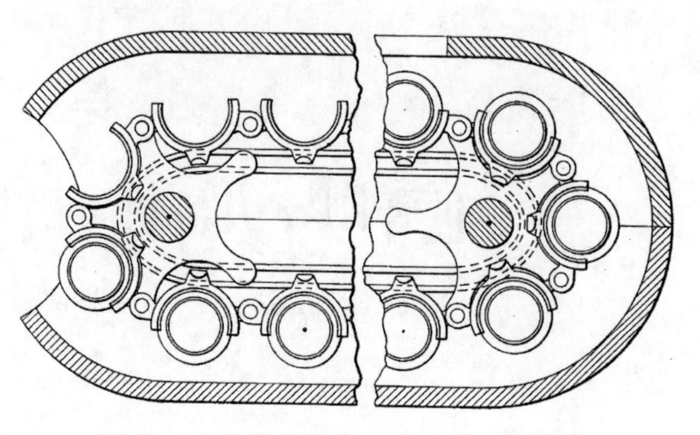

图 7－1 基于闭合传输链围的刚导引结构原理

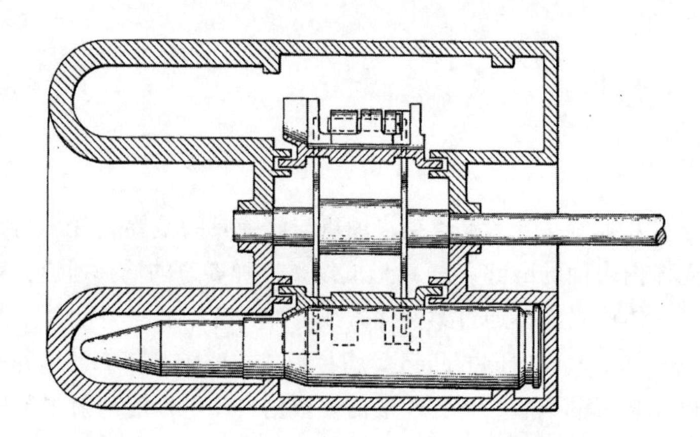

图 7－2 炮弹、弹托与链轮在刚导引中的相对位置

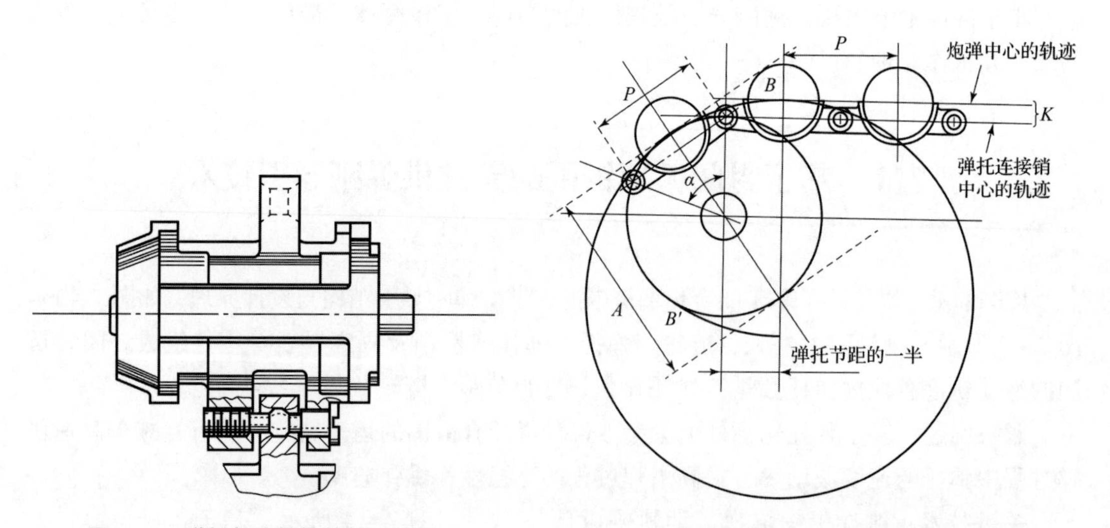

图 7－3 弹托与连接销的相对位置

图 7－4 炮弹与弹托运动路径参数化设计方法

优势及劣势：确定炮弹和弹托的运动轨迹之后，能参数化地完成固定导轨和外壳的设计；无明显劣势。

适用环境：任意基于无链供弹的火力系统及补弹装置之中。

7.2　带有弹底驱动滚轮的有链供弹刚导引技术

Diller 等[55] 开发了一种弹链带及其导引作为一层炮塔防护，并包围炮塔的有链供弹装置。如图 7 -5～图 7 -9 所示，刚导引在出口段预制了一定的角度，并衔接着一个软导引，在刚导引下方还设置有驱动弹链带的滚轮和链条，用于辅助推弹。刚导引主要由预制成各种角度的导引条组成，因此整个刚导引重量较小。

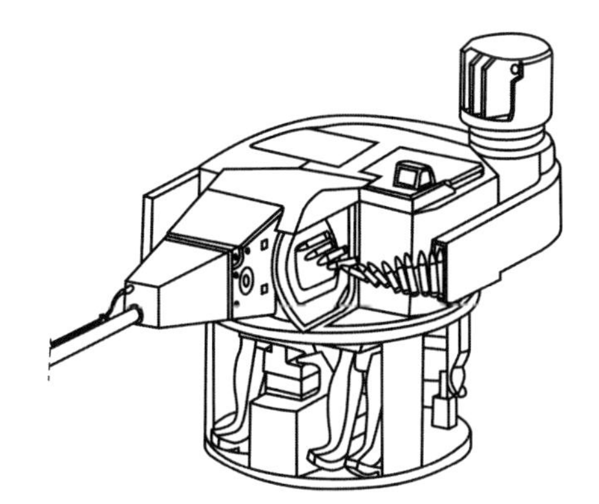

图 7 -5　自动炮、炮塔和供弹装置相对位置

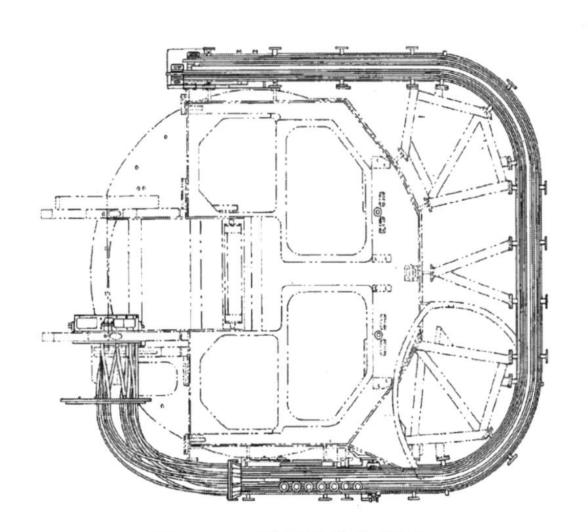

图 7 -6　刚导引的俯视图

解决问题： 为了减小炮塔的体积和重量，将有链供弹刚导引和弹链带作为一种保护层安装在炮塔的外围。

关键技术： 轻量化刚导引技术：由多段带预制角度导引条拼接而成的刚导引框体，结构简单、质量较轻。

优势及劣势： 供弹装置结构比较简单。供弹装置发生故障时，操作人员必须暴露在炮塔外围进行维护。

适用环境： 车载、舰载平台的中低射速火力系统之中。

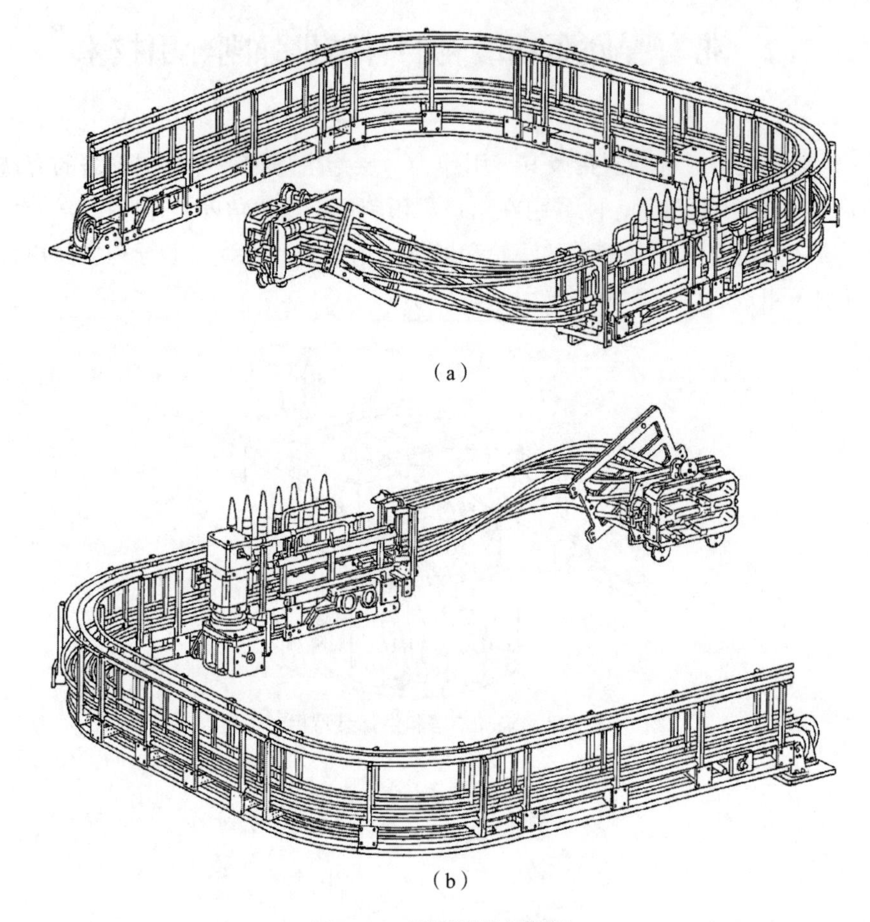

（a）

（b）

图7-7 刚导引的侧视图

（a）侧视图1；（b）侧视图2

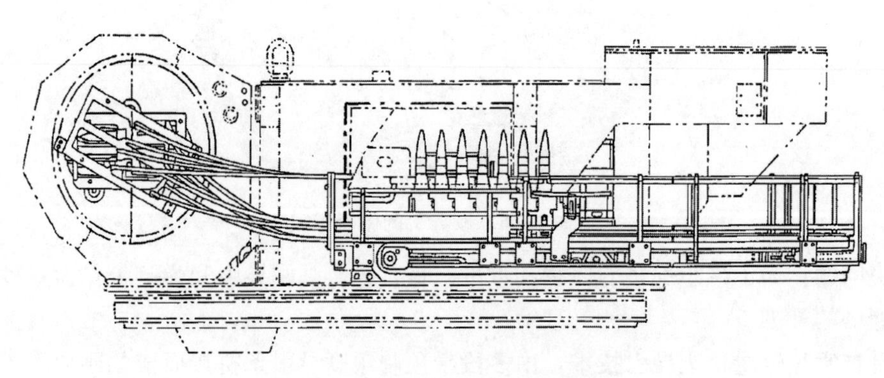

图7-8 刚导引下方的滚轮及链条

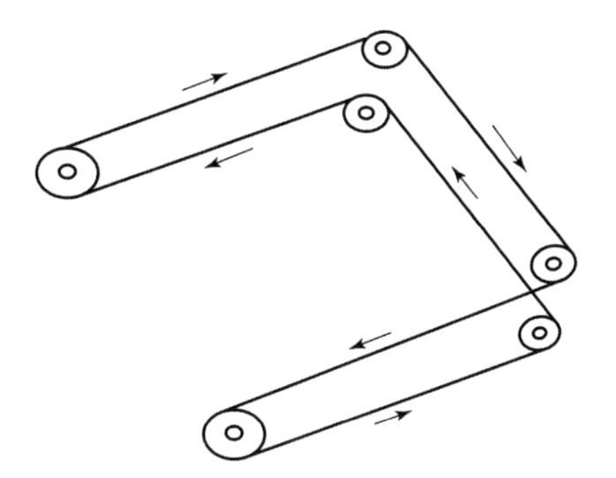

图 7-9　刚导引下方链条的循环路径

7.3　可小范围相对转动的刚导引接头技术

Richey[56]构思了一种“铰接”在一起，可小范围转动的刚导引接头技术。如图 7-10 和图 7-11 所示，两个带有传动齿轮和拨弹轮（或者链轮）的导引接头，通过导引上的销、槽结构“铰接”在一起，以使接头的一端能围绕另一端的拨弹轮（或者链轮）旋转，实现活动接头的变角度输弹。

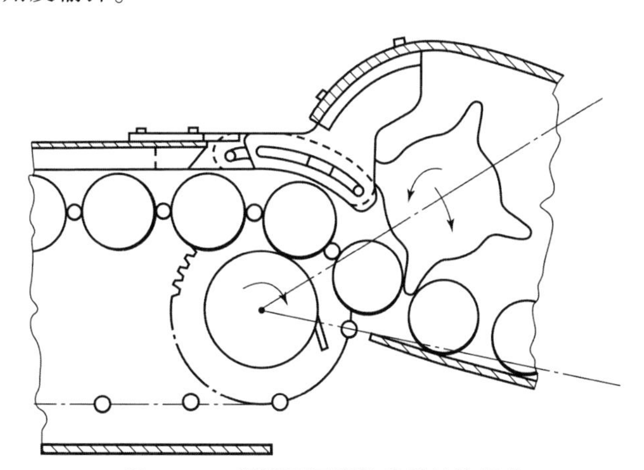

图 7-10　活动刚导引接头的结构组成

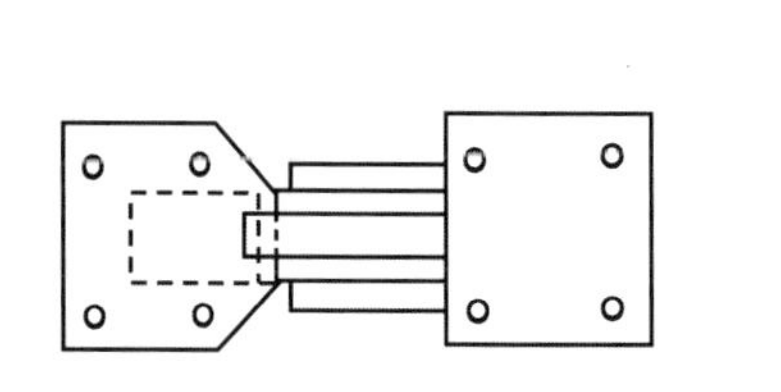

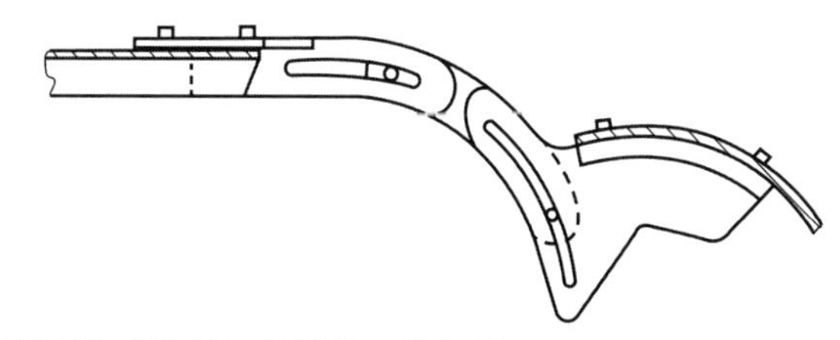

图 7-11　使活动刚导引接头能够旋转的销-槽机构

解决问题：补弹时，补弹装置的出弹口一般不能绝对对准供弹装置的进弹口，需要局部调整导引的角度，以适应供弹装置进弹口位置上的随机变化。

关键技术：可转动刚导引接头技术：需综合考虑相对旋转角度、齿轮参数和拨弹轮（链轮）节圆直径等参数对刚导引接头旋转时炮弹运动轨迹的影响，以提高补弹交接的可靠性。

优势及劣势：配合软导引等装置，能在有限的角度范围内适应供弹装置接口在位置上的差异；无明显劣势。

适用环境：补弹装置的补弹接头之中。

7.4 带通道切换和弹壳回收功能的刚导引接头技术

Washburn 等[57]构思了一种组合型供弹导引接头。如图 7－12 所示，左半部分导引的左侧和弹箱相连，最上层是供弹通道，中间两层是切换通道，最下层是弹壳返回通道。右半部分导引和自动炮相连，上部是进弹循环回路，中间是自动炮进弹机拨弹轮，下部是排壳循环回路。在控制装置的驱动下，3 副传输链条与 4 个联动控制活门协同作用，形成供弹、停射切换与弹壳回收回路，最终实现自动炮的射击、停射与清膛后炮弹复位等功能。如图 7－13 所示，一个完整的射击循环过程中，控制活门由以下三个操作步骤组成：①射击之前活门 1 和 2 抬起，活门 3 压下，炮弹进入导引通道的上层通道后，再进入进弹循环回路并等待射击信号；按下射击按钮后炮弹进入自动炮，射击后的弹壳进入弹壳循环回路并回收；②停射时活门 1 和 2 复位，活门 3 抬起，将炮弹切入切换通道的同时供弹系统和自动炮开始制动；供弹机构完全停转之前，切换通道中的炮弹和弹壳循环回路中的弹壳一起进入导引通道的下层通道，直到炮弹顶开活门 4 并使活门保持开启状态；③整个自动炮和供弹系统完全制动后，供弹系统开始反转，使得炮弹再次到达活门 1 和 2 之处，然后活门 1、2 和 3 转换状态，供弹系统正转使得炮弹到达射击起始位置，并等待射击信号。

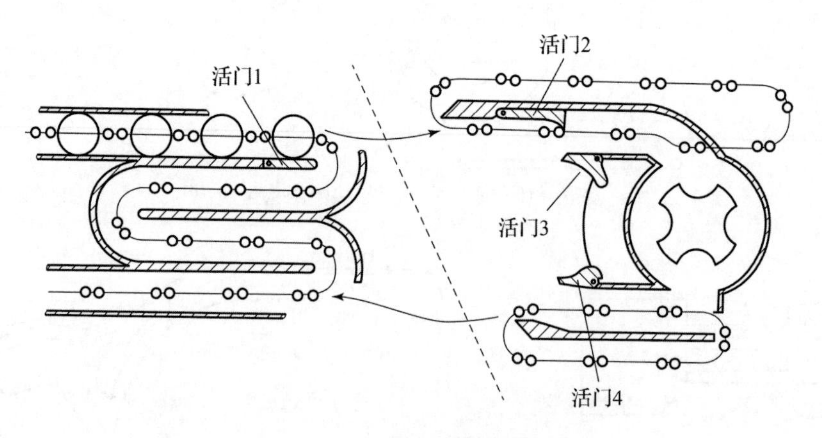

图 7－12 导引接头的结构组成

解决问题：通过使用多副传输链条和相关联动控制活门，实现供弹通道之间的切换，解决高射速自动炮的供弹、停射与停射后首发炮弹复位等问题。

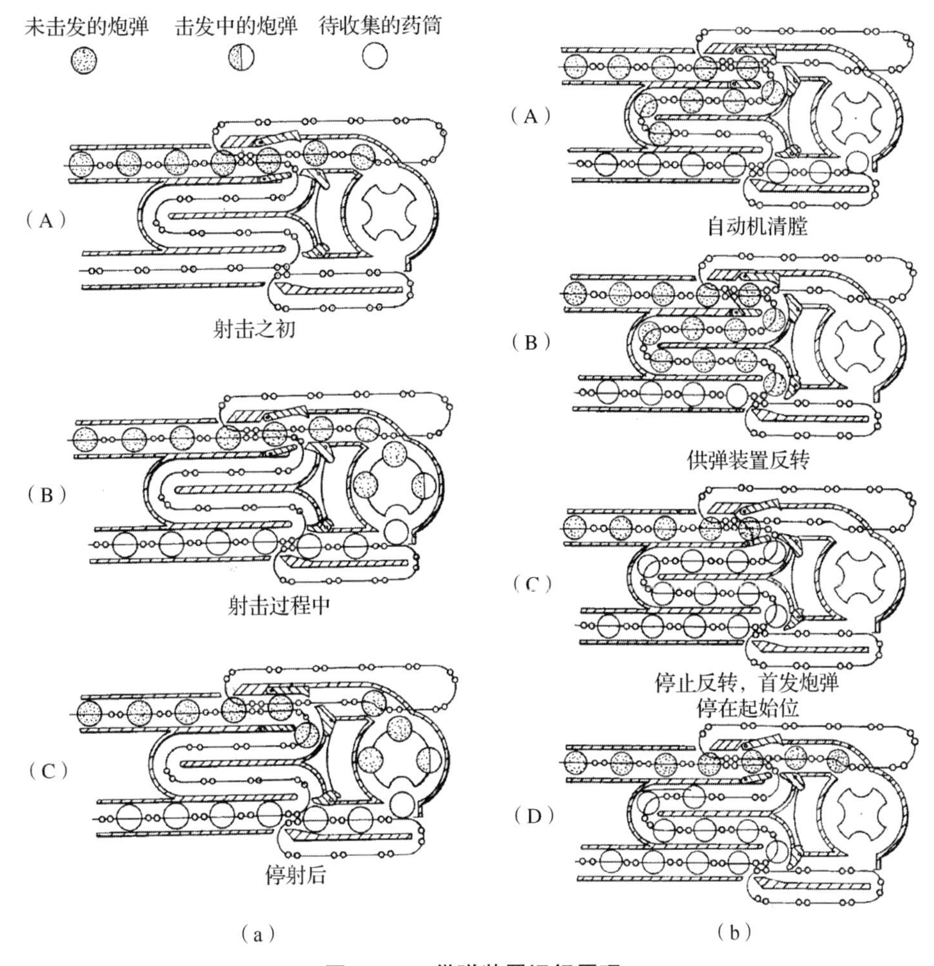

图 7－13　供弹装置运行原理

（a）射击前后炮弹和弹壳的运行路径；（b）停射后首发炮弹的复位过程

关键技术：供弹通道切换技术：四层通道的供弹导引配合小型传输链条，需设计好联动控制活门与自动炮的启停运行逻辑，才能实现高射速自动炮的供弹、停射与清膛后首发炮弹复位等功能。

优势及劣势：带切换通道的导引接头，从源头上解决了高射速自动炮停射时的炮弹留膛和首发炮弹复位等问题。但是基于推弹杆的传输链条在多个接口位置交接炮弹时，比较容易出现炮弹卡滞等故障。

适用环境：基于无链供弹的车载、舰载和机载平台的高射速火力系统。

7.5　塔内的单向双路无链供弹导引接头技术

Baldwin[58] 设计了一种可快速分解的单向双路无链供弹导引接头。如图 7－14～图 7－17 所示，导引接头主要由传动齿轮、拨弹轮、闭合弹带、导引块和壳体等零部件组成。供弹导引接头卡入进弹机本体后，由自动机齿轮组驱动导引接头内的拨弹轮与闭合弹带内的拨弹轮；通过推、拉不同供弹通道上拨弹轮内部的花键轴，该导引接头可以实现不同供弹通道之间的弹种切换。

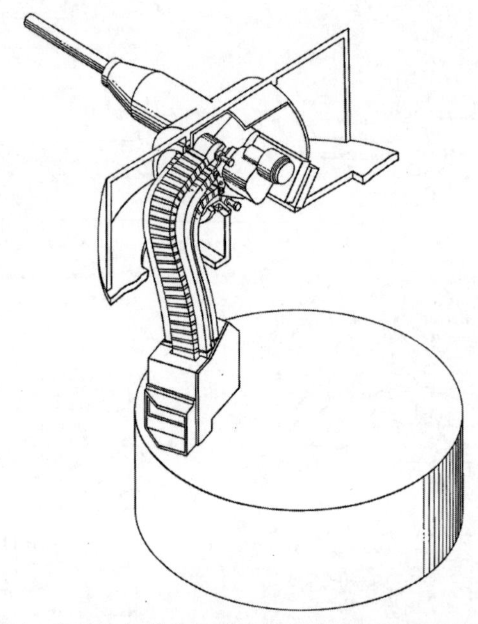

图 7－14　自动炮与单向双路无链供弹装置的相对位置关系

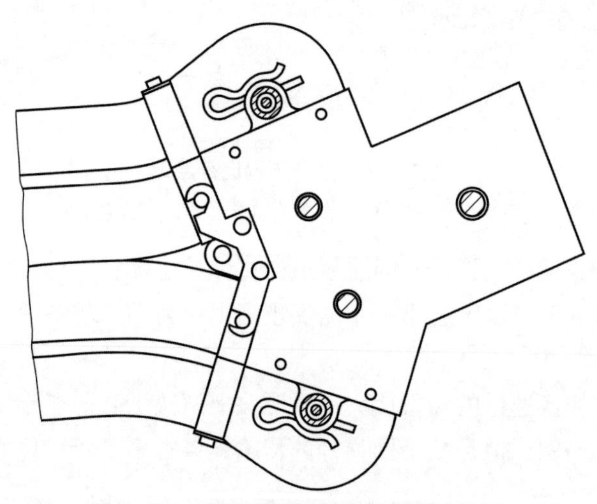

图 7－15　双路无链供弹接头的轮廓外形

解决问题：炮塔内部空间狭小，采用双向、双路无链供弹技术不利于解决自动炮的抛壳问题。通过设计可快速分解与结合的单向双路供弹接头，不仅可以解决上述问题，还可以解决炮塔内自动炮与供弹装置的快速连接问题。

关键技术：双路供弹弹种快速切换技术：可快速拆卸的双路供弹导引接头，通过推、拉外花键轴，使其与带内花键的拨弹轮啮合或断开，从而使得双路供弹通道中的其中一路供弹或停转。

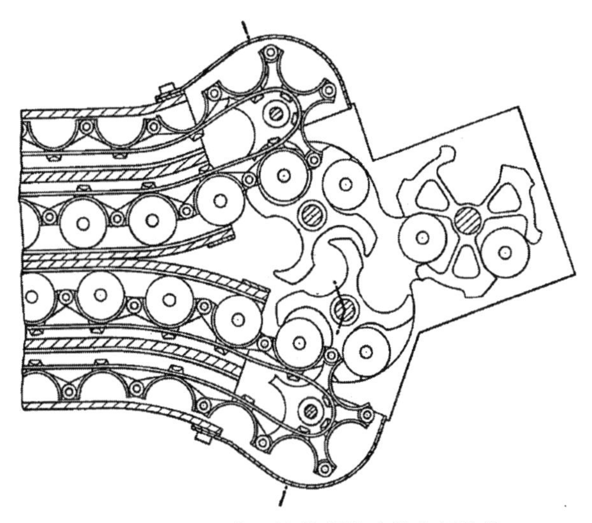

图 7－16　双路无链供弹接头的内部构造

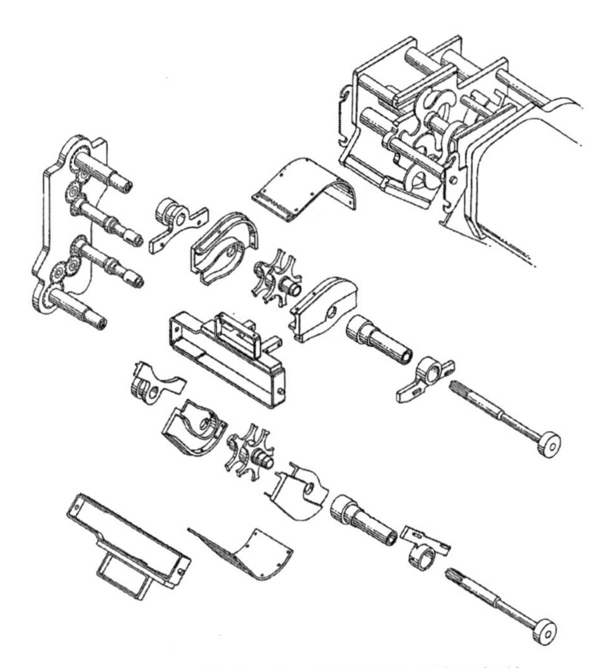

图 7－17　构成双路无链供弹接头的零部件

优势及劣势：虽然可以通过手动操作实现不同过渡通道之间的弹种切换，但是切换用的花键轴之间没有联动控制装置，导致弹种切换过程较慢。

适用环境：基于无链供弹的车载、舰载和机载链式自动炮系统。

7.6　基于活动拨弹轮的缓冲导引技术

Bofors 的 Bredin[59] 构思了两种基于活动拨弹轮的缓冲导引技术。该导引安装在自动机和供弹系统之间，在自动炮启动或停射制动时导引内的活动拨弹轮左右移动，以减少或者增加供弹路线的长度，从而使供弹系统能够适应自动机启动过程中较大的拨弹力（矩）或者制动过程中较大的制动力（矩）。如图7-18和图7-19所示，第一种设计方案中采用一个活动拨弹轮，使用时通道内的炮弹不能被完全清空；如图7-20所示，第二种设计方案采用浮动链轮架（及其拨弹轮），启停过程中浮动链轮架在两个链传动供弹导引之间浮动，通过改变其在供弹导引中的位置，从而实现启停自适应的功能。

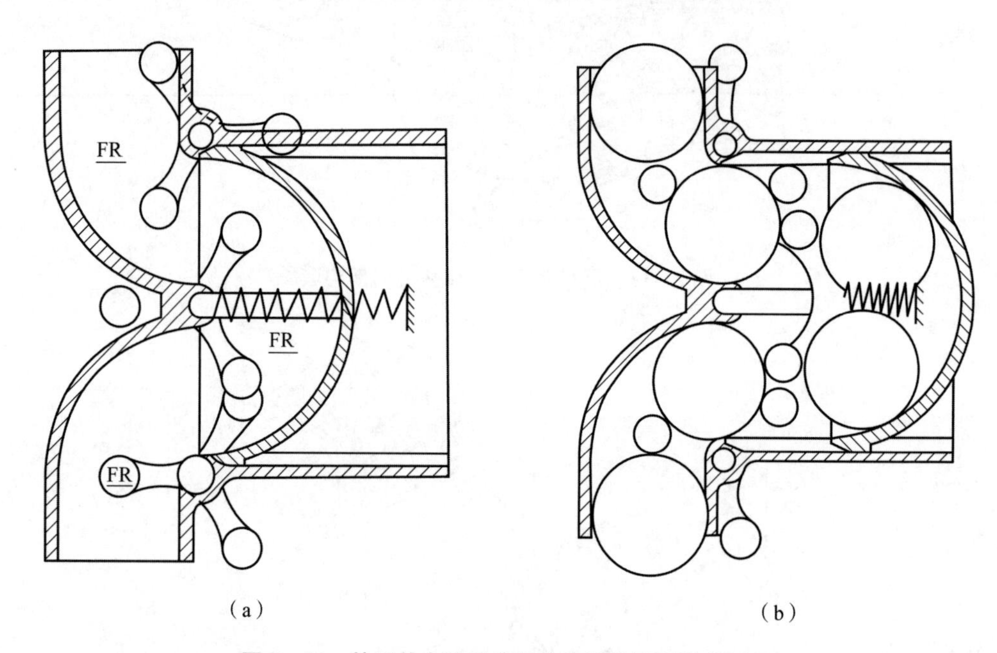

图7-18 基于单个活动拨弹轮的缓冲导引技术原理

(a) 无炮弹时活动拨弹轮在导引中的相对位置；(b) 停射后炮弹和活动拨弹轮的相对位置

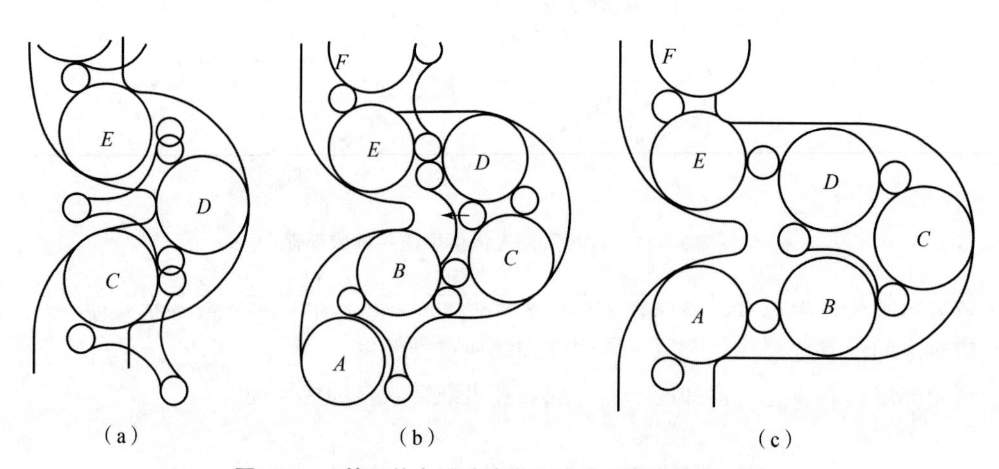

图7-19 基于单个活动拨弹轮的停射缓冲运动过程

(a) 停射前的初始状态；(b) 停射过程中；(c) 停射缓冲到位后的状态

解决问题： 通过减少或者增加供弹路线的长度，使得箱式无链供弹系统能够适应自动机的快速启、停过程，以减少火力系统反应时间。

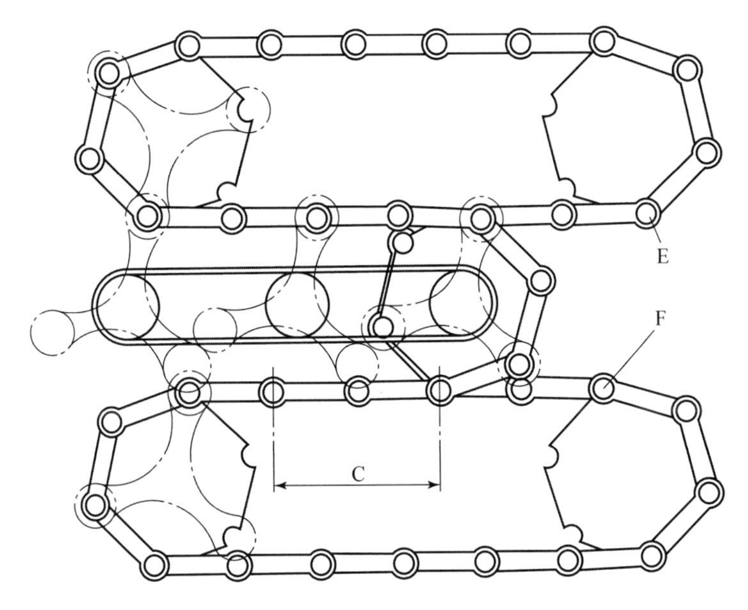

图7－20　基于浮动链轮架的启停缓冲技术

关键技术：活动拨弹轮技术：活动拨弹轮在弹簧和自动炮的协同作用下左右平动，当自动炮快速进弹时缩短通道长度，并适时启动供弹弹箱的驱动装置，使得供弹速度及时跟上自动炮射击速度；当自动炮停射时，在制动供弹弹箱的同时，活动拨弹轮自行移动以增加供弹通道长度，因此活动拨弹轮上的弹簧参数和通道长度是供弹系统实现预期功能的关键因素。

优势及劣势：安装第一种装置后，自动炮具备一定的启停缓冲能力，但活动拨弹轮缓冲距离不能太长，否则会因为受力太大而出现相位问题和结构破坏；安装第二种装置后，需构建较为复杂的浮动链轮架控制逻辑，否则缓冲装置不能实现预期目标。

适用环境：基于无链供弹的车载、舰载中大口径自动炮系统。

7.7　基于活动拨弹轮的进弹机技术

Golden[60]论述了一种安装在弹箱和自动机之间，由活动拨弹轮、活动导引、传感器和电机组成的进弹机，其轮廓外观如图7－21和图7－22所示。该进弹机在启动时缩短供弹路线，使得供弹路线上的最少炮弹数量为8发［图7－23（a）］；制动时增加供弹路线的长度，使得供弹路线上的最多炮弹数量为12发［图7－23（b）］。停射后供弹路线上的容弹量累积到最大状态，以待自动炮再次射击；供弹的动力由自动机和进弹机上的电机提供，控制装置在感应到第二级、第三级拨弹轮轴与第一级拨弹轮轴之间的夹角后，基于角度变化量来驱动供弹电机，使得电机及时驱动进弹机的活动拨弹轮。

解决问题：内能源高射速自动炮为了使用无链供弹装置，必须使用活动拨弹轮及变长度供弹路线来适应自动机的高速启停和射击过程中自动炮进弹速度的波动。

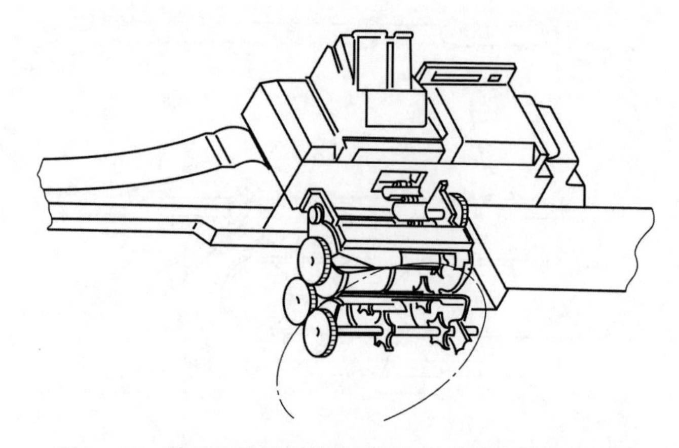

图 7 - 21　基于活动拨弹轮的进弹机与自动机的相对位置

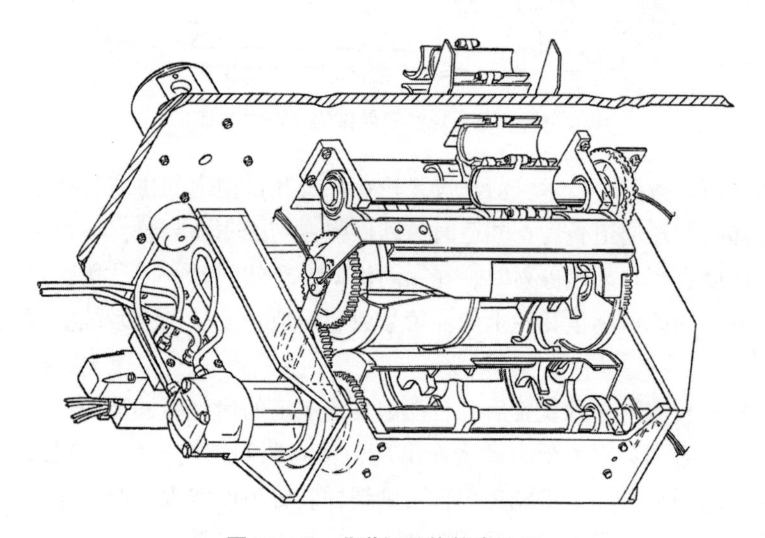

图 7 - 22　进弹机总体轮廓外观

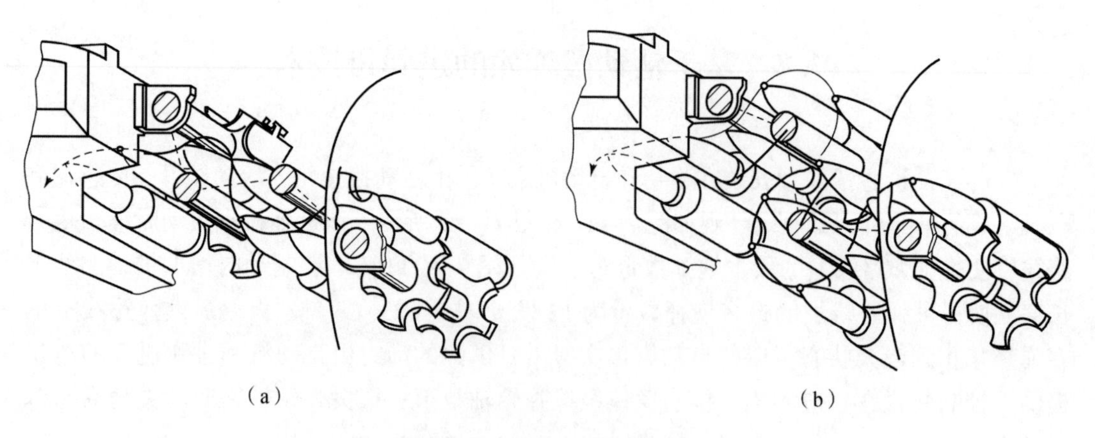

图 7 - 23　进弹机的工作原理

(a) 自动炮启动后进弹机的最小容弹量状态；(b) 自动炮停射后进弹机的最大容弹量状态

关键技术： 活动拨弹轮及其导引技术：如图 7 – 24 所示，活动拨弹轮需要使用齿轮组传递动力，因此需要合理设计传动齿轮的齿数、相对位置及导引通道的重合度（角）等参数，这样才能解决传输通道长度的自适应变化问题。

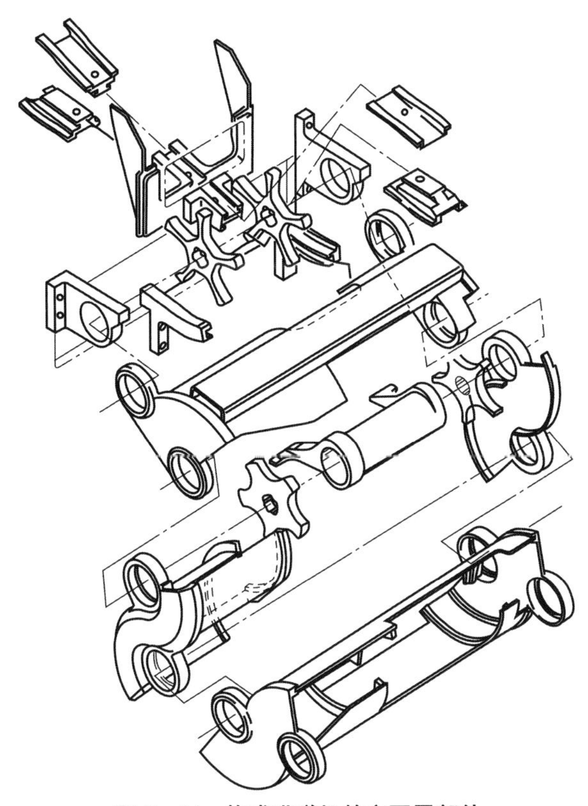

图 7 – 24　构成进弹机的主要零部件

优势及劣势： 虽然基于活动拨弹轮、活动导引及其背后传动齿轮组的进弹机能适应自动炮启、停过程中供弹速度的剧烈波动，但也存在着供弹交接可靠性与动力传递可靠性较低等问题。

适用环境： 基于无链供弹的车载、舰载和机载平台的单管高射速火力系统。

7.8　超轻型有链供弹软导引技术

软导引一般由多个相同的软导引框体（片体）及其附属舌扣、衔接扣装配而成，主要用于限制弹链带非供弹方向的窜动和规整弹链带供弹方向的运动。供输弹软导引应该具有摩擦阻力小、扭转和弯曲性能好、质量较轻和拆装过程方便等特点。基于以上思路，Pearson 等[61]设计了一种质量非常轻的有链供弹软导引，其轮廓外观如图 7 – 25 和图 7 – 26 所示。该软导引主要由超轻型线框本体、舌扣和衔接扣三部分组成。如图 7 – 27 所示，单个软导引上一共固定了 6 个舌扣和 6 个衔接扣，舌扣上有圆孔，可以用于快速拆卸软导引。

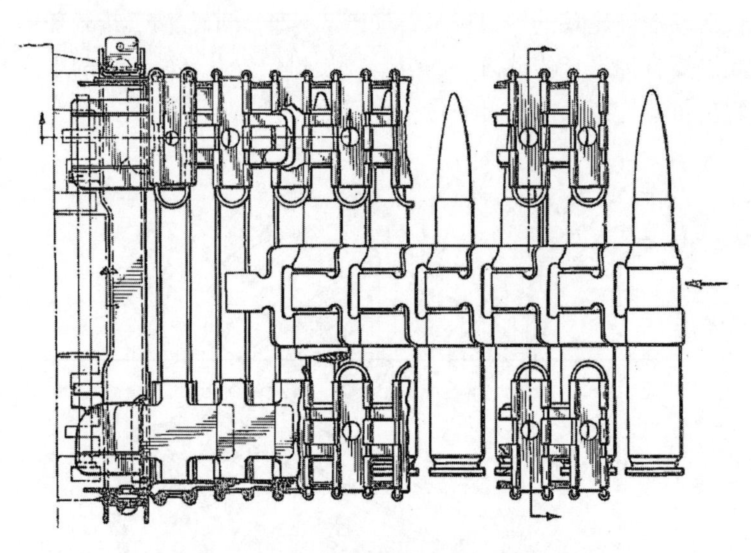

图7－25 超轻型软导引的轮廓外观

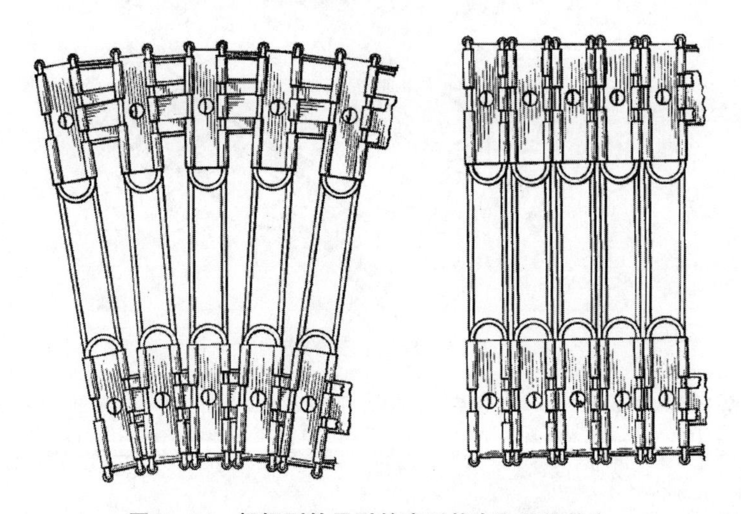

图7－26 超轻型软导引的扇形状态和压缩状态

解决问题：机载火力系统对供弹装置的总体重量有着较高的要求，使用超轻型供弹软导引有利于减轻供弹装置的重量，增强飞机的机动性能。

关键技术：超轻型软导引技术：由钢丝弯折而成的线框本框，以及通过冲压成型的舌扣和衔接扣，不仅重量轻，而且易于大批量生产。

优势及劣势：该软导引的大部分零件可冲压成型，但是单个软导引框体刚度不足，导致整个软导引扭转后的通道连续性较差。

适用环境：有链供弹的火力系统。

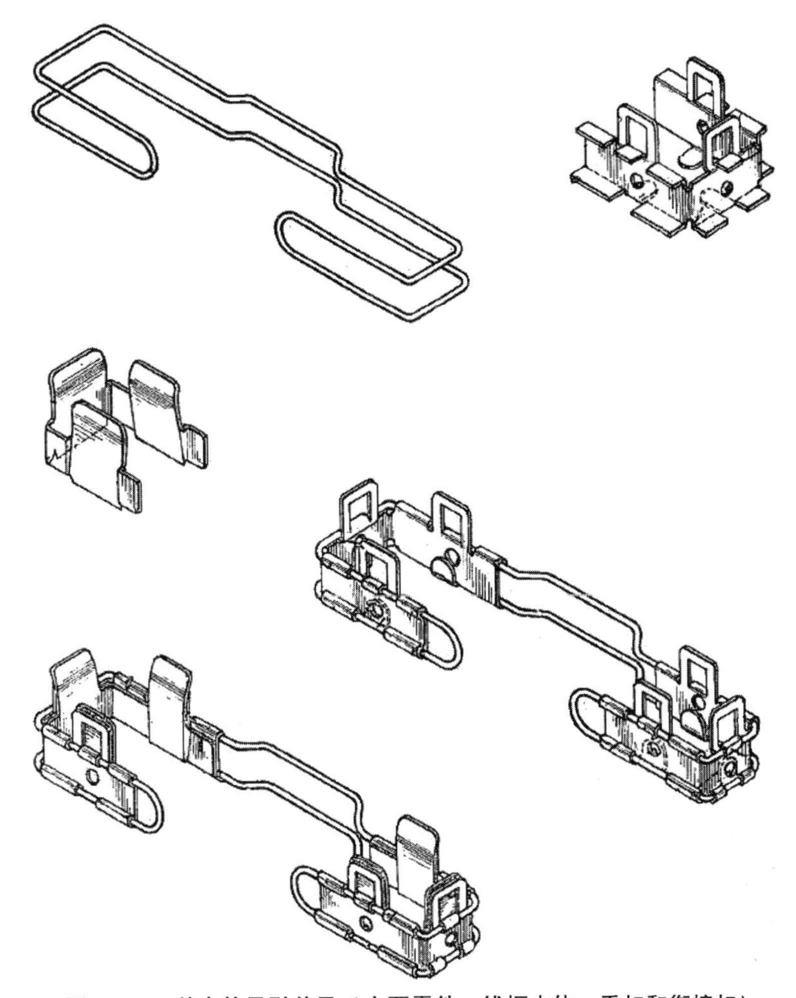

图 7－27　单个软导引单元（主要零件：线框本体、舌扣和衔接扣）

7.9　单个导引框可相对扭转的软导引技术

Fallon 等[62]构思了一款比较有利于拆装的轻质有链供弹软导引。如图 7－28 和图 7－29 所示，该软导引的单个框体为 U 形结构，由左半框体、右半框体和中间弹性扭转单元组成。为了减轻软导引重量，单个框体的截面为空心圆管（图 7－30）。框体侧面的 2 个衔接扣作为导引片，主要用来限制炮弹的位移和维持软导引的整体柔度；框体正面有 4 个带倒刺的舌扣用来限制软导引框体之间的伸缩量；舌扣、衔接扣和框体上均有维护圆孔，使用销子可以将舌扣和衔接扣上的倒刺顶起，从而使舌扣可以从空挡中退出来。

解决问题：将单个软导引框体一分为二，使单个框体获得一个扭转自由度，最终使得软导引拥有良好的扇形、扭转和卷曲性能。具备以上性能的软导引可以用于构建空间角度和位置剧烈变化的供弹通道。

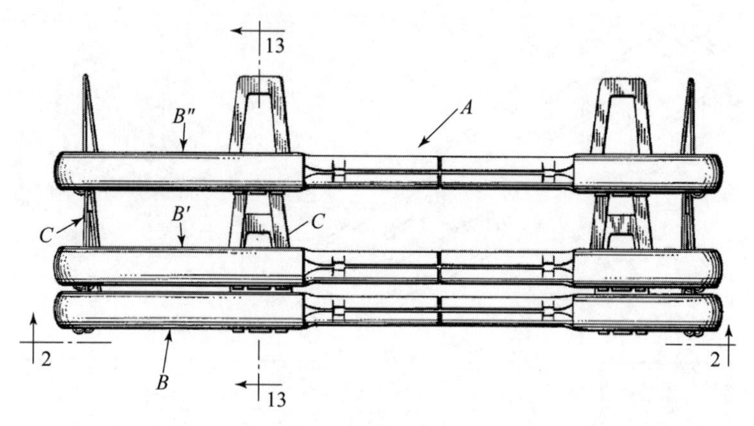

图 7－28　软导引的轮廓外形

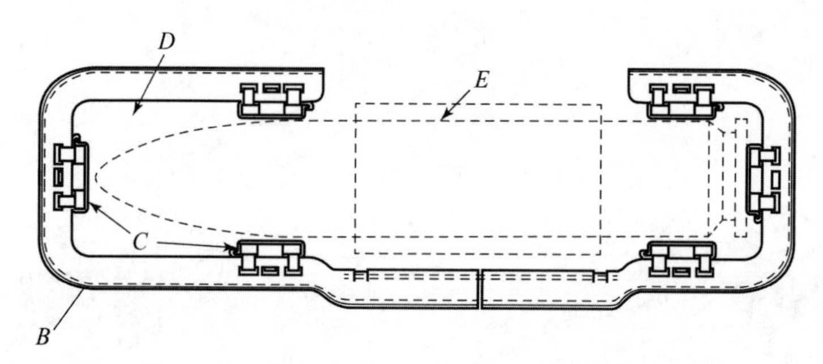

图 7－29　单个软导引单元与弹链带的位置关系

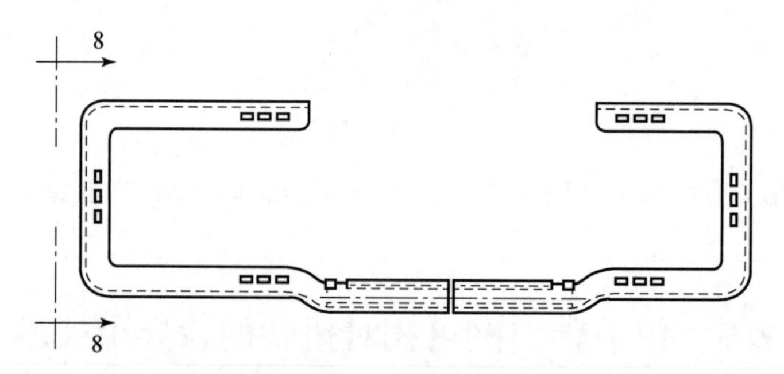

图 7－30　单个软导引框体

关键技术：①易拆装软导引技术：如图 7－31 所示，所有的弹性金属片均通过卡爪和框体的卡槽弹性固连，调整卡爪和卡槽的尺寸等参数，可以调整弹性元件与框体的连接强度；软导引框体上有拆装单个软导引和弹性金属片用的拆卸圆孔，因此整个软导引的安装和拆卸都是非破坏性的；②框体弹性旋转连接技术：截面为空心圆管的左、右框体分别和中间弹性扭转单元前、后端固连，可以相对扭转一定的角度；但是扭转之后弹性扭转单元收缩，使得左、右框体的端面相接触，从而限制单个软导引单元的总扭转角度。

优势及劣势：当前 U 形框式结构的软导引质量较轻，具备优良的扭转性能；带有快拆孔，可以快速分解与装配整个软导引。无明显劣势。

适用环境：对总体重量和扭转性能有较高要求的有链供弹火力系统。

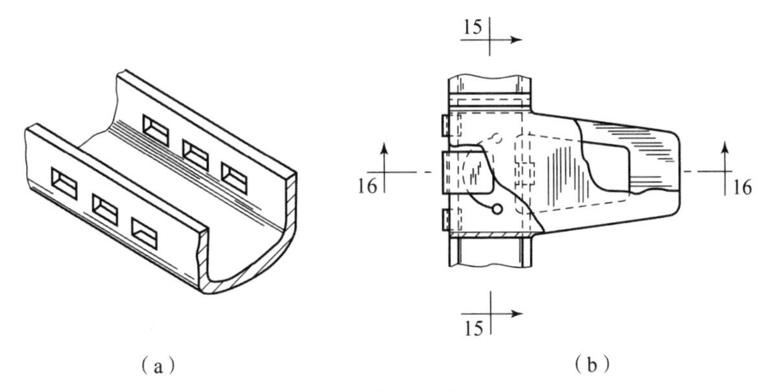

图 7－31　弹性元件与框体的结合方式

(a) 框体上的弹性元件卡槽；(b) 舌扣（衔接扣）与卡槽的弹性连接

7.10　一种伸长和扭转性能较好的轻质软导引技术

Fossen[63] 认为软导引在维持一定柔度的同时，还要维持一定的刚度，这样才不至于在供弹时因为弹链的拉扯力过大而导致软导引坍塌。为此他设计了一种伸长与扭转性能更优的有链供弹软导引，其整体与单个软导引的外观如图 7－32 和图 7－33 所示。单个导引框体为 U 形开口冲压件（图 7－34），部分衔接扣和舌扣通过铆钉或者焊接与框体固连。导引的卷曲和扇形变形主要由侧面三角形衔接扣控制（图 7－35），侧面的三角形舌扣上有一个可以按压下去的圆钮，按压该圆钮可以将软导引框体分解开来。

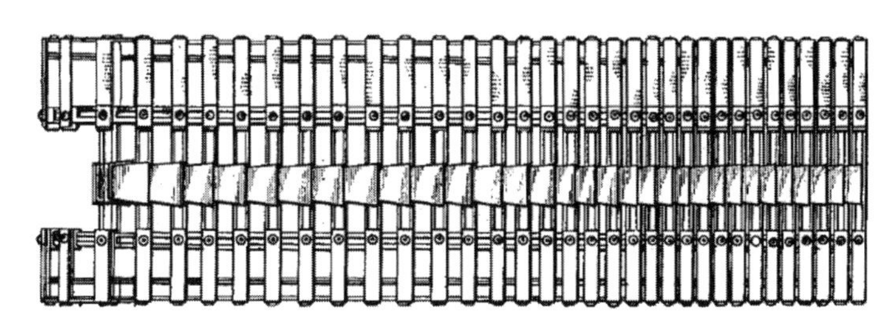

图 7－32　软导引的外观

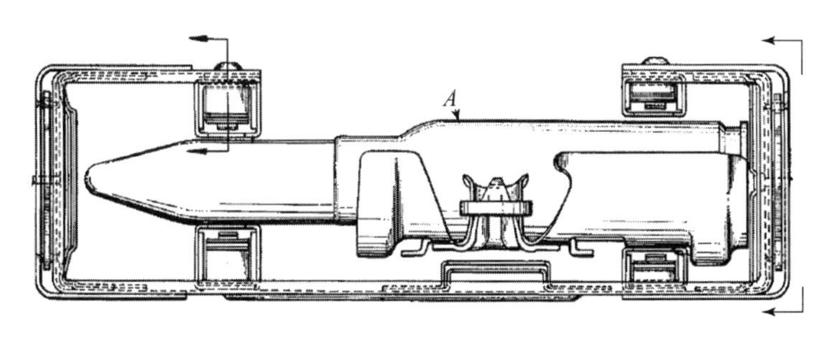

图 7－33　软导引单元与炮弹的相对位置

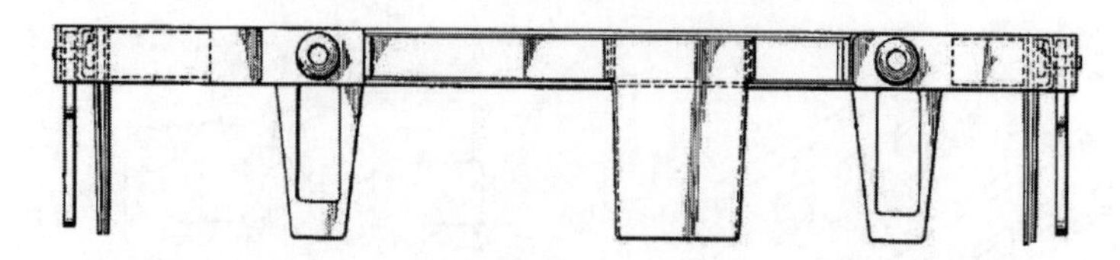

图 7-34 单个软导引单元（上下侧共有 5 个金属扣，用于限制弹头和弹尾的位移）

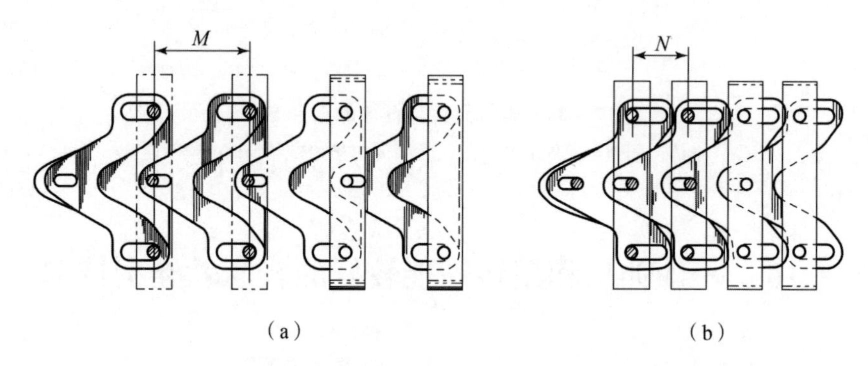

图 7-35 软导引在侧面三角形衔接扣与舌扣控制下的两种状态

(a) 软导引的伸长状态；(b) 软导引的压缩状态

解决问题：在软导引的侧面装配了三角形衔接扣和舌扣，使软导引获得了较好的扇形、卷曲和扭转特性；导引框上下侧有较多的衔接扣，可以使软导引维持较大的供弹刚度。

关键技术：软导引单元增强技术：内侧很薄的 U 形框体被外侧两个小型 U 形框体（片）焊接增强；单个金属板经过多次折叠后形成一个衔接扣或者舌扣，然后该扣又和其他金属片叠加，通过铆钉固连，形成了一个强度较高的框内导引装置。

优势及劣势：该软导引设计了便于软导引分解的圆钮，且整个软导引的扇形和卷曲性能较好（图 7-36 和图 7-37）；但是软导引需要铆接和焊接，工艺过程较为复杂；由于单个框体包裹面积较大，因此软导引单元的重量也较大。

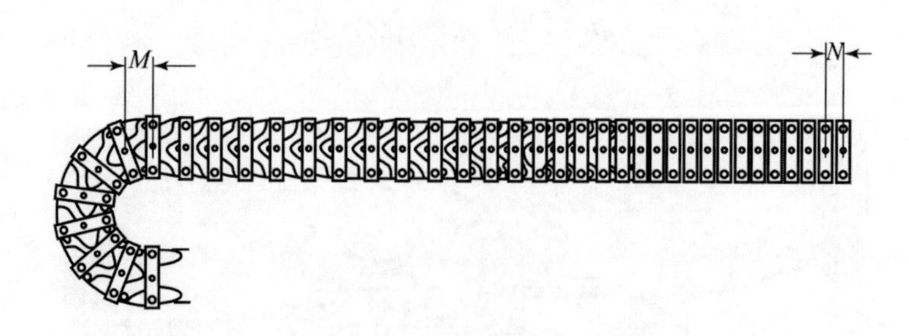

图 7-36 软导引的卷曲状态

适用环境：对扇形和卷曲特性有较高要求的有链供弹火力系统。

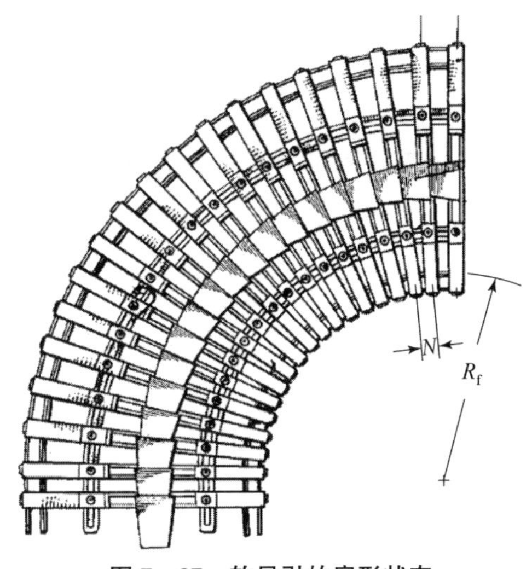

图 7－37　软导引的扇形状态

7.11　一种结构紧凑、刚度较大的软导引技术

Nobles[64]开发了一种单元内部可相对旋转错动的 U 形框式有链供弹软导引。如图 7－38 和图 7－39 所示，该软导引单元结构紧凑、横截面面积较小，软导引的舌扣和衔接扣通过铆钉与框体固连，不能随意拆装。从图 7－40 可以看出，相邻软导引单元的衔接扣和舌扣相互叠加，使得软导引整体具有较大的刚度。

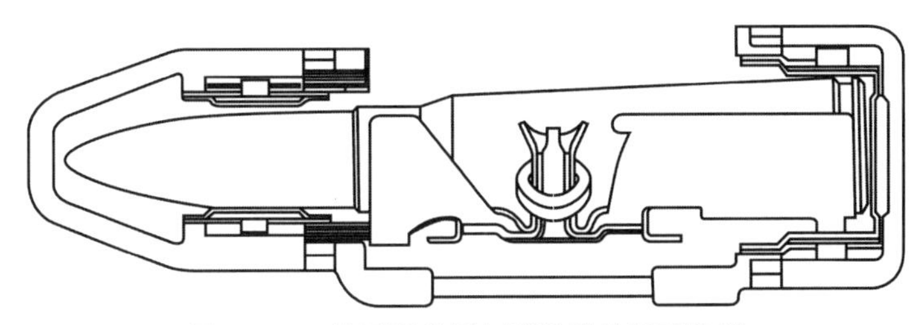

图 7－38　软导引单元与弹链带的相对位置

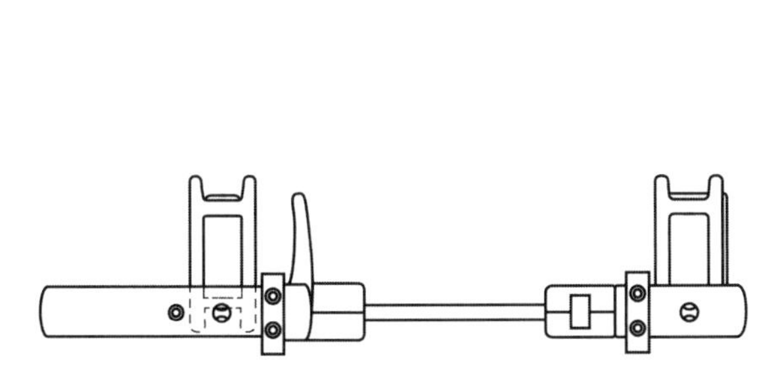

图 7－39　单个软导引单元的舌扣和衔接扣

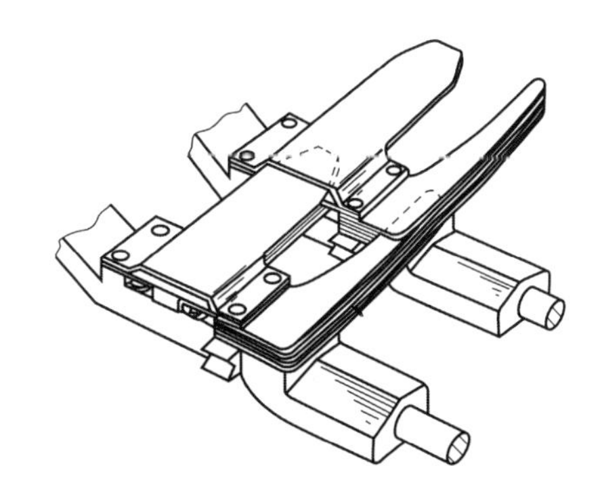

图 7－40　软导引单元之间的衔接扣相互重叠

解决问题：当前相邻软导引单元的衔接扣相互叠加，可以使结构紧凑型软导引维持较好的通道刚度。

关键技术：结构紧凑型软导引技术：当前刚度较大的紧凑型软导引单元，需要合理配置衔接扣的厚度、长度以及层数，从而使软导引获得较好的扭转、扇形和卷曲特性。

优势及劣势：当前软导引具备较好的刚度和较轻的重量，但是铆接的衔接扣和舌扣使得软导引不便于拆装与维护。

适用环境：对总体重量和扭转性能有较高要求的有链供弹火力系统。

7.12 基于舌扣与衔接扣一体化设计的软导引技术

Aumann[65]构思了一种不需要铆接、舌扣和衔接扣集成在一起的有链供弹软导引。如图7－41和图7－42所示，软导引单元的框体是冲压薄壁件，一体化舌衔扣通过自身的卡爪与框体弹性固连。相邻软导引单元通过一体化舌衔扣和软导引框体之间的相互接触以维持供弹通道的连续性。卷曲时，软导引一侧拉伸、另一侧压缩，压缩侧中有3个软导引单元的一体化舌衔扣相互叠加，使得软导引具备较好的卷曲性能。

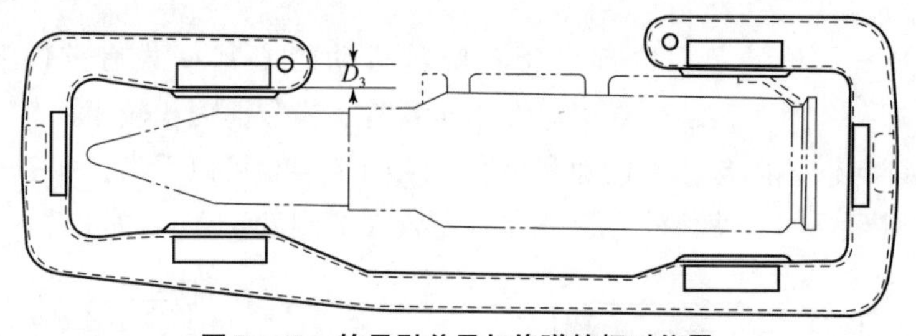

图7－41 软导引单元与炮弹的相对位置

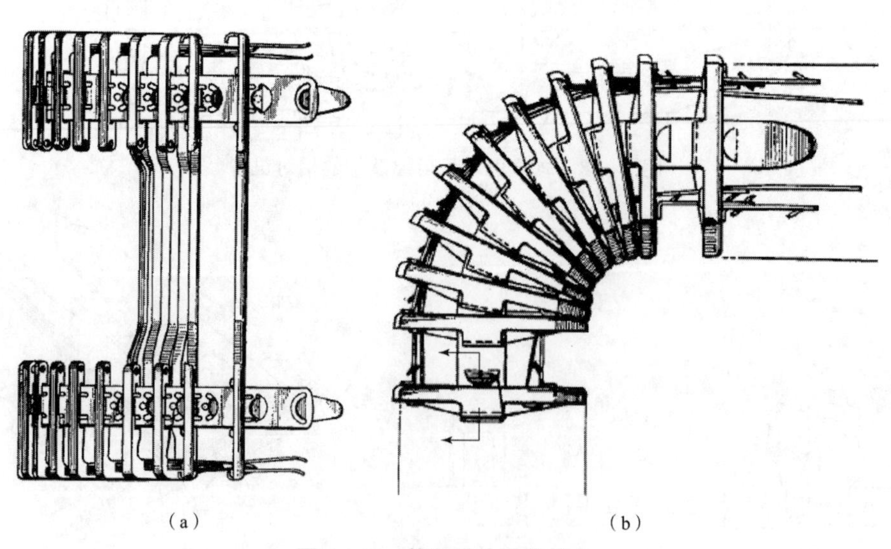

图7－42 软导引的卷曲状态

（a）俯视图；（b）正视图

解决问题：通过设计可快速组装和分离，且不使用铆钉的一体化舌衔扣，不仅可以减少软导引中零部件数量，还可以提高软导引的整体卷曲刚度。

关键技术：舌扣与衔接扣一体化技术：如图 7－43 和图 7－44 所示，软导引单元上的弹性金属片是一类冲压薄片件，其上半部分是舌扣，下半部分是衔接扣；一体化舌衔扣上有拆卸软导引的圆孔，使用冲子可以将坏掉的软导引单元和相邻的软导引单元分离（图 7－45）。

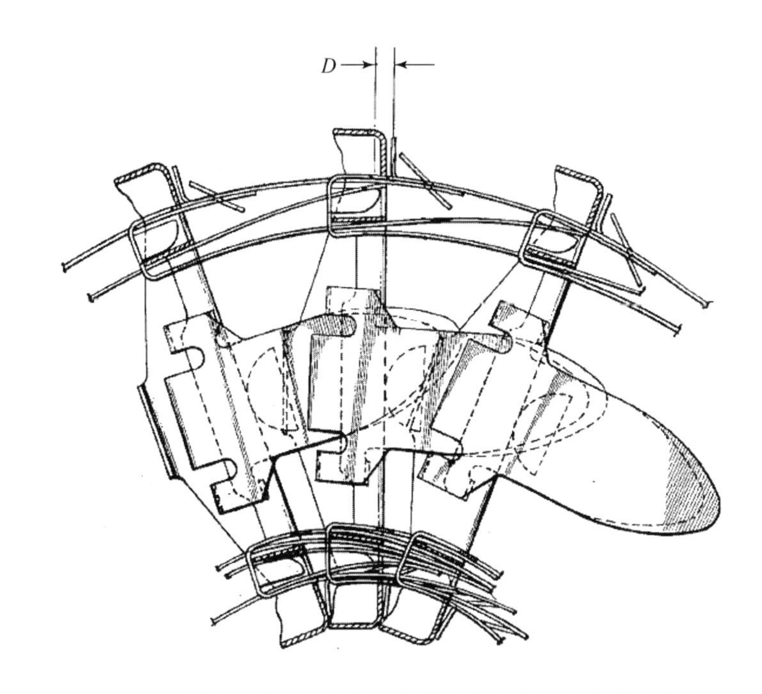

图 7－43　软导引卷曲时内部一体化舌扣与衔接扣的叠加状态

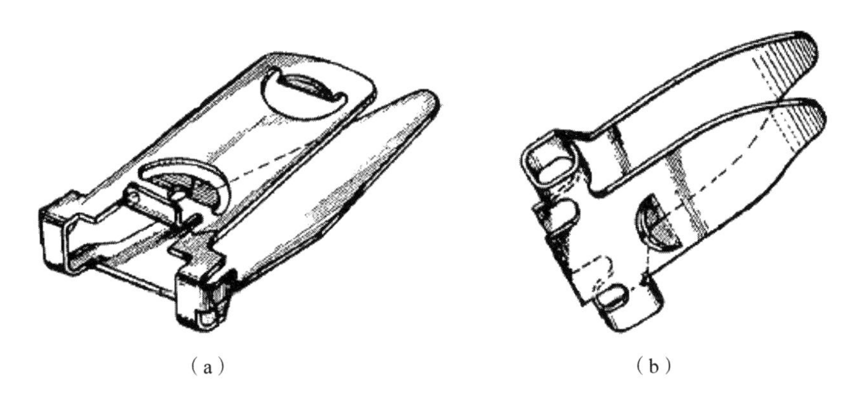

图 7－44　舌扣与衔接扣一体化技术

(a) 软导引单元框体上下侧的舌扣；(b) 软导引单元框体左右侧的舌衔扣

优势及劣势：软导引可快速拆卸，一体化舌衔扣也可以减少零部件数量；无明显劣势。

适用环境：对总体重量和卷曲性能有较高要求的有链供弹火力系统。

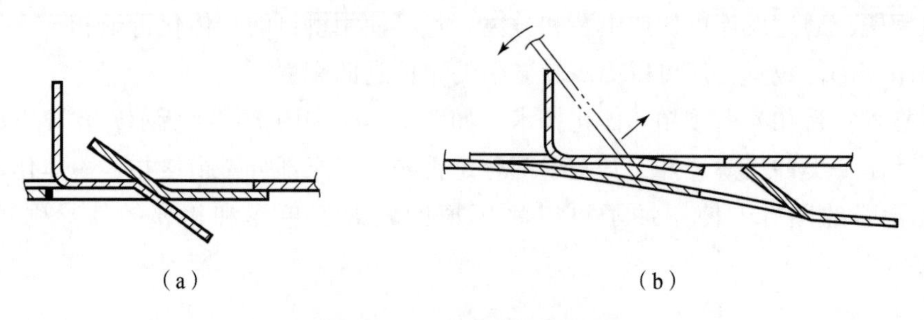

图 7-45 软导引的分解方法

(a) 软导引分解前的状态；(b) 使用冲子分解软导引的方法

7.13 具有双层过弹通道的模块化无链供弹软导引技术

West[66]发明了一种上下两层通道均可过弹（或弹壳）的模块化无链供弹软导引。如图 7-46 和图 7-47 所示，软导引上的舌扣和衔接扣使用弹性卡爪与框体卡槽固连，框体中轴穿过左、右框体中孔后可建立软导引单元内部的旋转铰接关系，这些措施使得整个软导引的拆装过程比较轻松。

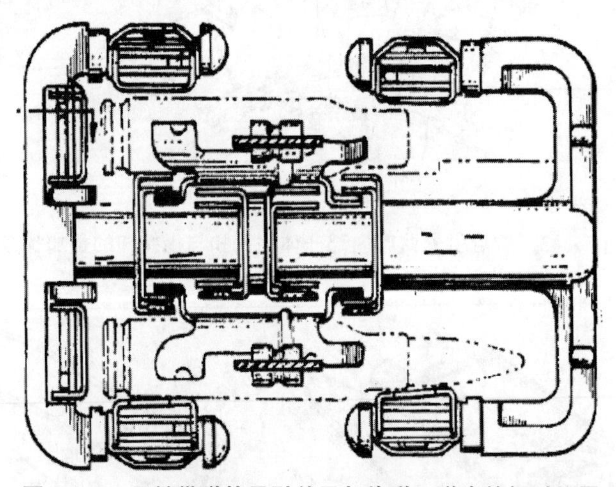

图 7-46 无链供弹软导引单元与炮弹、弹壳的相对位置

解决问题：通过设计模块化的舌扣、衔接扣以及软导引框体，实现软导引单元的快速拆卸和装配，极大地减少了软导引的维护时间。

关键技术：模块化软导引技术：软导引单元左框体和右框体通过一个前端带有十字开槽的中轴串联起来，形成可相对错动的软导引框体单元；如图 7-48 所示，所有的舌扣和衔接扣均通过自身的卡爪和框体的卡槽弹性固连，然后被一个 C 形开口卡环卡住，十分便于软导引单元拆卸和装配。

优势及劣势：模块化无链供弹软导引比较便于维护；无明显劣势。

适用环境：需具备正转和反转过弹功能的供弹装置或者补弹装置之中。

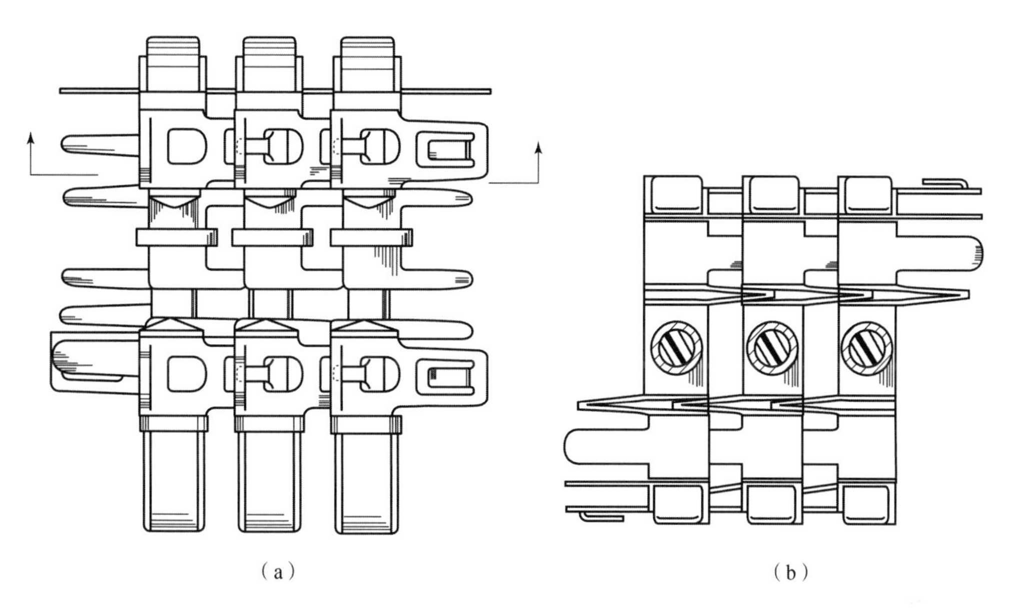

图7-47　无链供弹软导引的外观

(a) 俯视图；(b) 剖视图

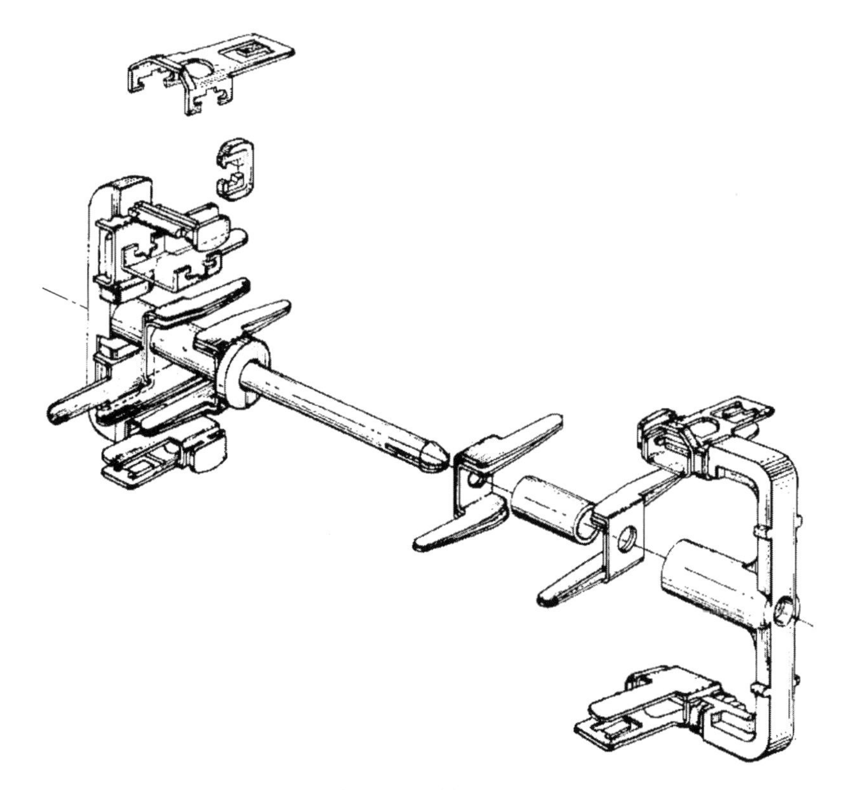

图7-48　构成无链供弹软导引的全部零部件

7.14 板状和盘状节片式软导引技术

Oerlkon 的 Jenny[67] 和 Schmid 等[68] 分别设计了板状与盘状节片式软导引，其主要功能是将弹箱出口和自动机进弹口连接起来，以此来适应自动机进弹口的高低俯仰和前冲后坐。如图 7－49～图 7－52 所示，节片式软导引一般由大量中空的工程塑料薄片组成，片与片之间需通过橡胶条或者钢杆（丝）串联并收紧。

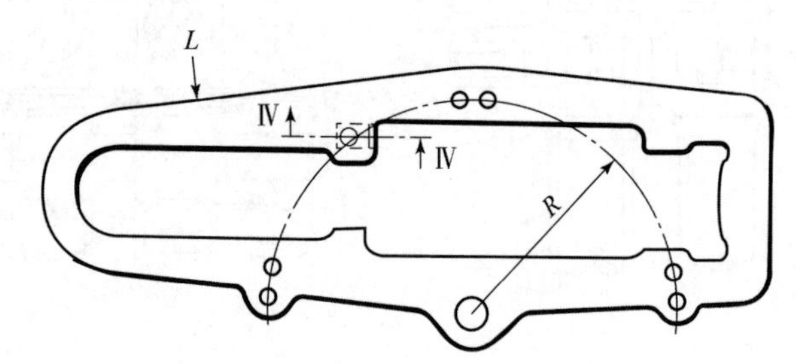

图 7－49 板状节片式软导引的轮廓外形

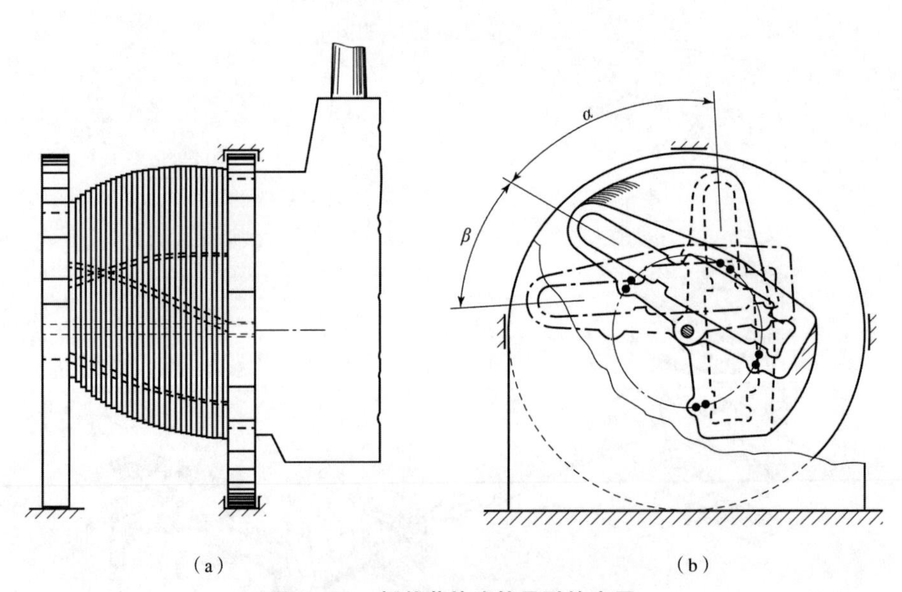

图 7－50 板状节片式软导引的应用

（a）软导引连接弹箱出口与自动机进弹口；（b）软导引的预制角度

解决问题：板状和盘状节片式软导引通过预制一定角度和位移，可以适应自动机进弹口的高低俯仰和前冲后坐。作为一种通用技术，基于节片的供弹软导引，既可以匹配有链供弹，也可以对其改造以适应无链供弹。

关键技术：为了在射击时获得连续性的过弹通道，节片式软导引需要合理设计截面通道和外侧轮廓的形状、穿孔位置、扭转变形预制角和前置位移等参数。

优势及劣势：无明显劣势。

适用环境：弹箱出口和自动机进弹口有相对扭转与前后运动的小口径火力系统。

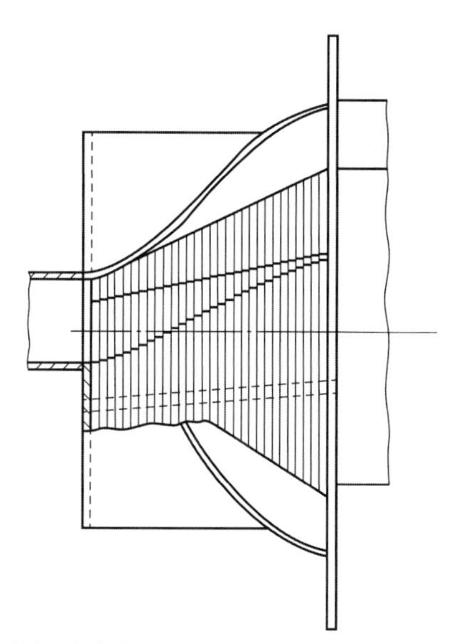

图7-51　衔接弹箱出口与自动机进弹口的盘状节片式软导引

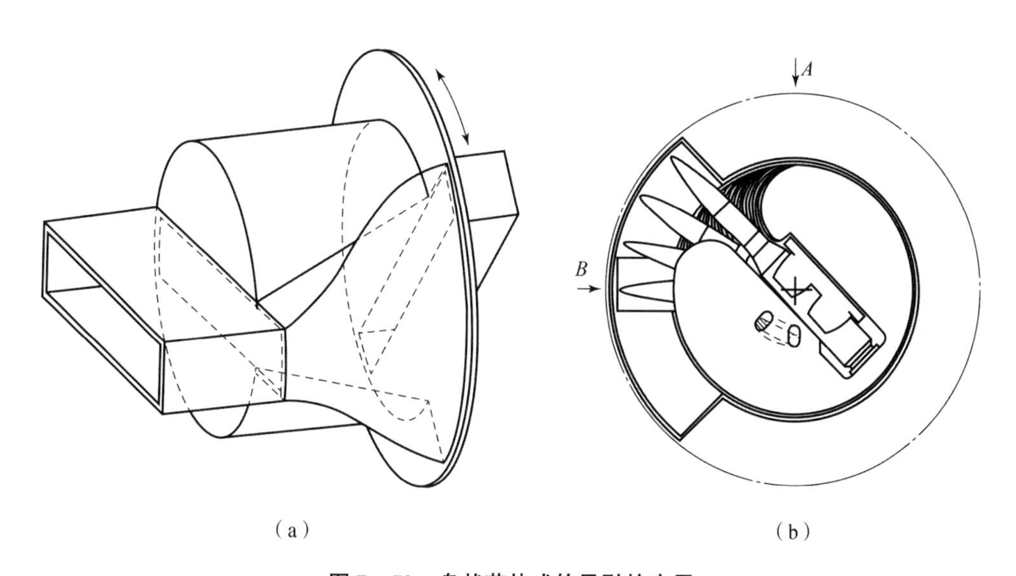

图7-52　盘状节片式软导引的应用

(a) 盘状节片式软导引的外壳；(b) 盘状节片式软导引的扭转效果

7.15　使用弹簧维持刚度的轻质软导引技术

Bremer 等[69]介绍了一种不使用弹性金属片，而使用弹簧和钢丝作为弹性连接元件的软导引技术，如图7-53和图7-54所示，基于这种结构的软导引可正向供弹，也可反向退弹。

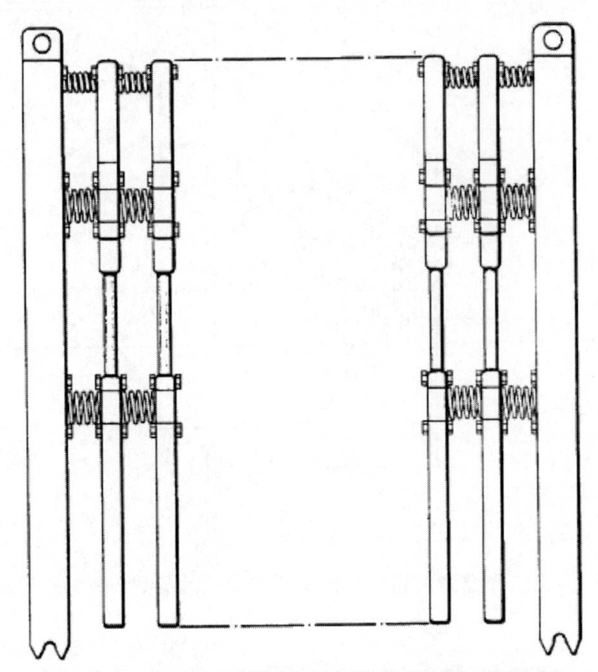

图 7-53　使用小型弹簧维持刚度的有链供弹软导引

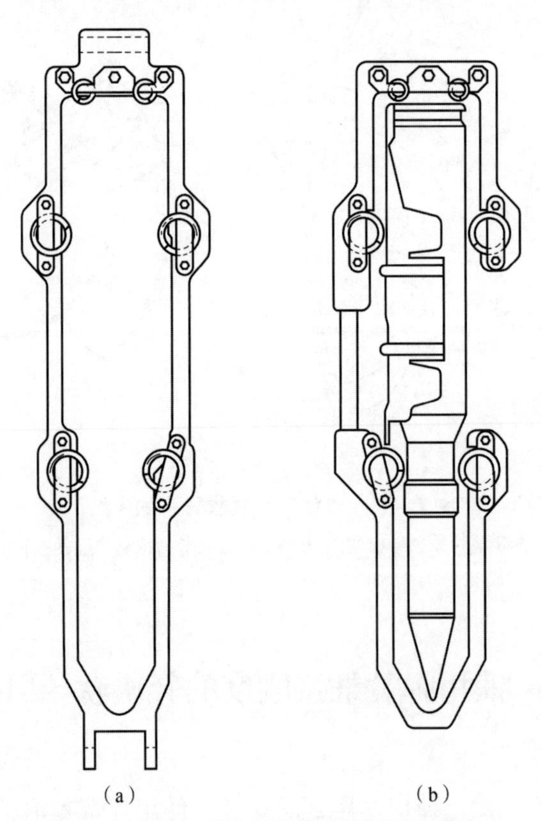

（a）　　　　（b）

图 7-54　软导引框体与炮弹的相对位置关系

（a）软导引的首尾框体；（b）炮弹在软导引单元中的位置

解决问题：大多数有链供弹软导引由于使用了弹性层叠型金属片作为导向装置，所以不具备弹链倒退功能；当前使用弹簧、钢丝绳等元件的软导引，因为软导引单元之间不存在“台阶”，而使软导引具备弹链倒退功能。

关键技术：基于弹簧连接的软导引技术：合理设计弹簧的参数与软导引单元框体的厚度之后，整个软导引要具备一定的扭转、扇形和弯曲刚度，这样才能使软导引在供弹时不至于发生剧烈变形和供弹通道“坍塌”；软导引通道中炮弹弹颈和弹簧接触，但弹链凸起不和弹簧接触，这样可以避免供弹时发生弹链卡滞等故障。

优势及劣势：整个软导引质量较轻，且能够实现弹链的反向运动功能；由于小型弹簧的拉压性能有限，因此软导引的扇形和卷曲功能较差。

适用环境：有反向退弹要求的有链供弹火力系统。

7.16　基于工程塑料的轻质软导引技术

对于某些低射速自动炮来说，使用软导引的目的是减少供弹过程中弹链空间上的窜动量，规整弹链在自动机进弹口处的位置和姿态，而对软导引自身的刚度和其他性能要求较低。因此 Armstrong[70] 构思了一种使用注塑成型框体单元的弹链供弹软导引，如图 7－55 和图 7－56 所示，该工程塑料软导引框体的进出口处有倾角，以此适应软导引卷曲时框体之间的接触；Armstrong 构思的第二种软导引框体进出口处带有半圆形凸起和凹槽，如图 7－57 所示，使用钢丝绳将框体单元串联起来后，软导引的卷曲性能较第一种结构形式更佳。

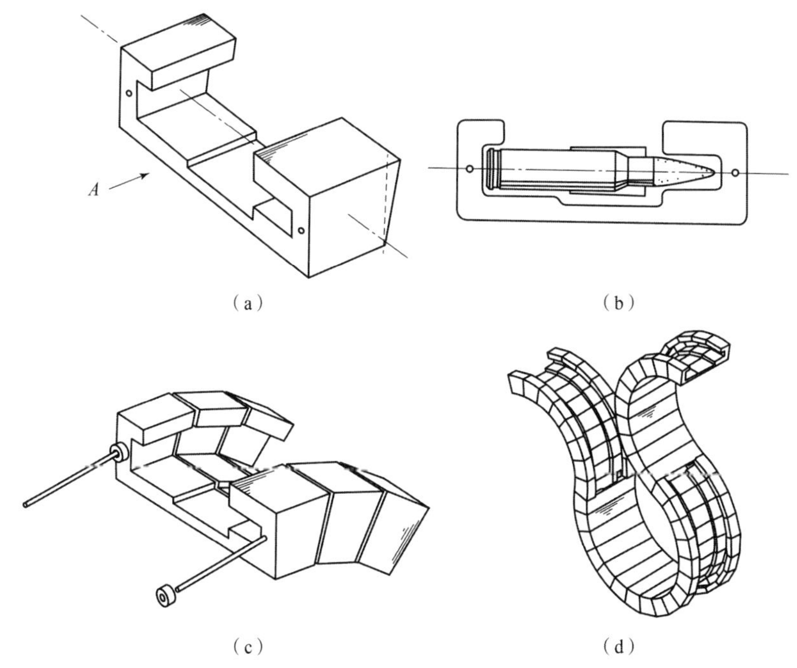

图 7－55　使用工程塑料框体的第一种软导引方案

(a) 软导引的框体单元；(b) 炮弹在软导引单元中的相对位置；
(c) 使用钢丝绳将软导引框体串联起来；(d) 软导引的卷曲性能

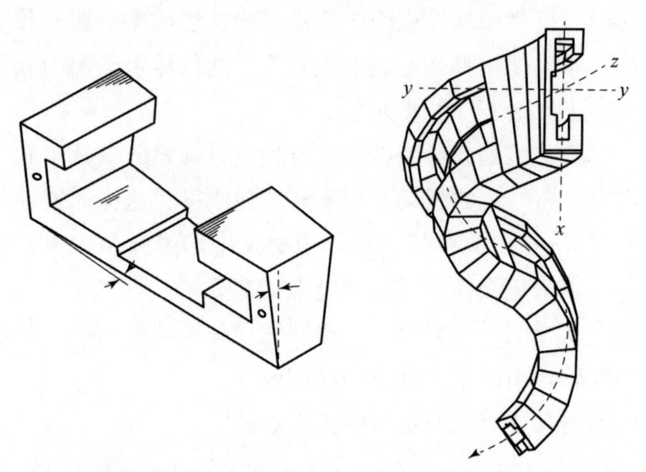

图 7－56　使用不同形状框体单元形成扭曲形态的第一种软导引方案

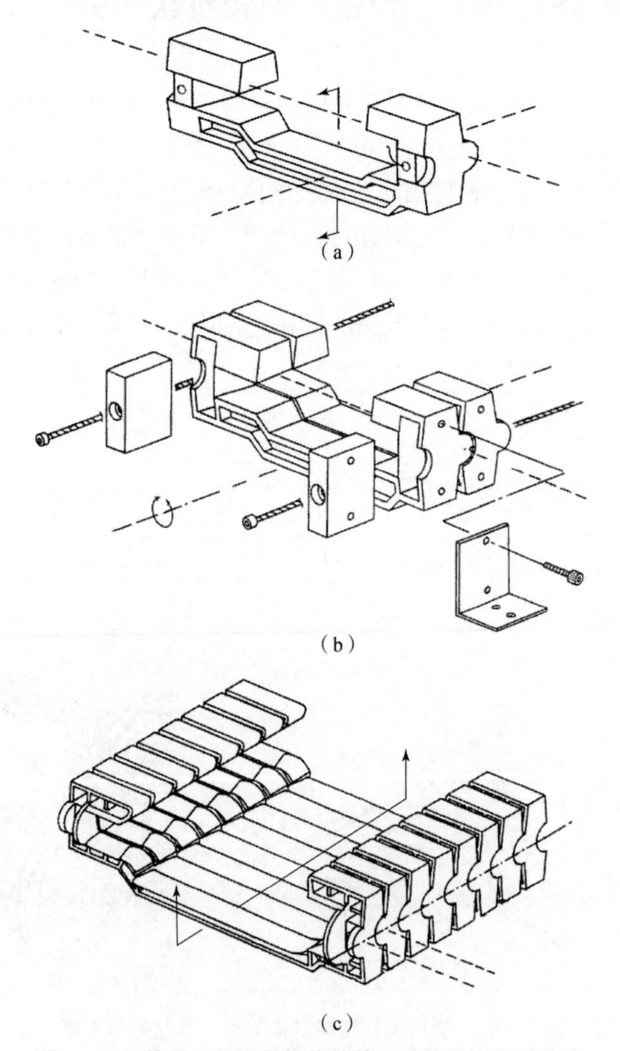

图 7－57　使用工程塑料框体的第二种软导引设计方案

(a) 软导引的框体单元；(b) 使用钢丝绳将软导引框体串联起来；(c) 装配后的软导引（软导引的伸长性能较差）

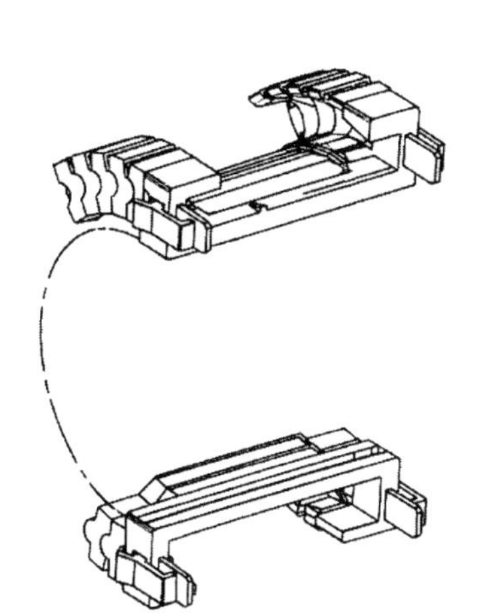

(d)

图 7 - 57 使用工程塑料框体的第二种软导引设计方案（续）

(d) 软导引的卷曲性能

解决问题：针对那些射速较低的自动炮，软导引要具备轻质、低成本、易生产和便于维护等特点。当前所设计的工程塑料软导引，可以一次性注塑成型，且维护时十分便于拆装。

关键技术：无。

优势及劣势：结构简单、减重比较明显。但是框体单元内部没有弹性金属片，因此软导引无法走扇形；由于软导引的扇形性能极差，所以需提前设计好软导引的路径并排列好框体单元，以此来形成确定的供弹通道。

适用环境：低射速、低成本的有链供弹火力系统。

7.17 可快速分解与结合的工程塑料软导引技术

受益于注塑工艺和工程材料的进步，Howell 等[71]设计了一种非常便于制造和拆装的工程塑料软导引，其单个软导引框体和装配后软导引的外观如图 7 - 58 ~ 图 7 - 61 所示。软导引框体单元的中间衔接扣可使软导引单元相对旋转；和框体弹性固连的上下 4 个 Y 形衔接扣起过渡作用，使用两个舌扣连接软导引并限制软导引的位移。

解决问题：基于工程塑料设计轻质、易制造、易装配的软导引，可以大幅度减轻软导引的整体重量。

关键技术：工程塑料软导引技术：如图 7 - 62 所示，基于工程塑料的软导引框体单元及其舌扣和衔接扣，可以不使用任何工具完成装配和拆卸；但需要优选工程塑料牌号和成型工艺，以获得较好的弹性、耐久性和耐磨性。

优势及劣势：工程塑料软导引具备轻质、易制造和易拆装等特点；但是工程塑料的弹性性能有限，导致软导引扭曲和扇形性能较差。

适用环境：对软导引扇形和扭曲性能要求不高的有链供弹火力系统。

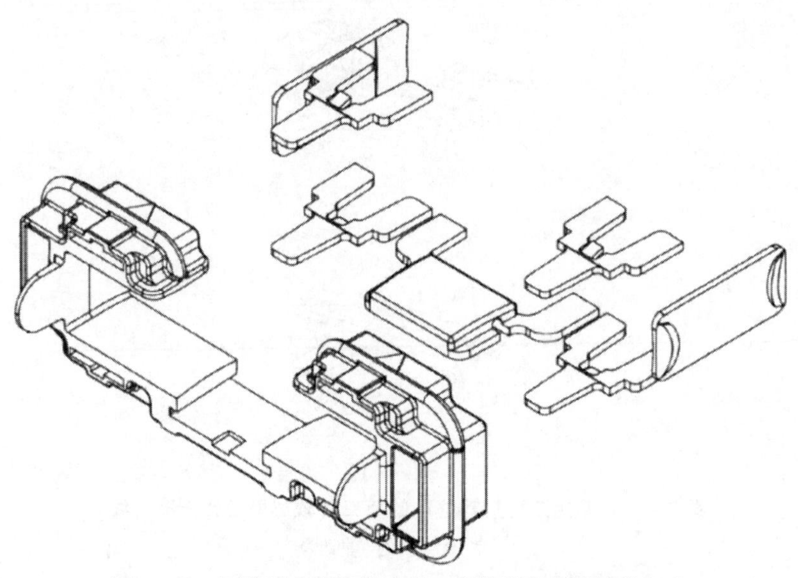

图 7－58 可快速分解和结合的工程塑料软导引结构组成

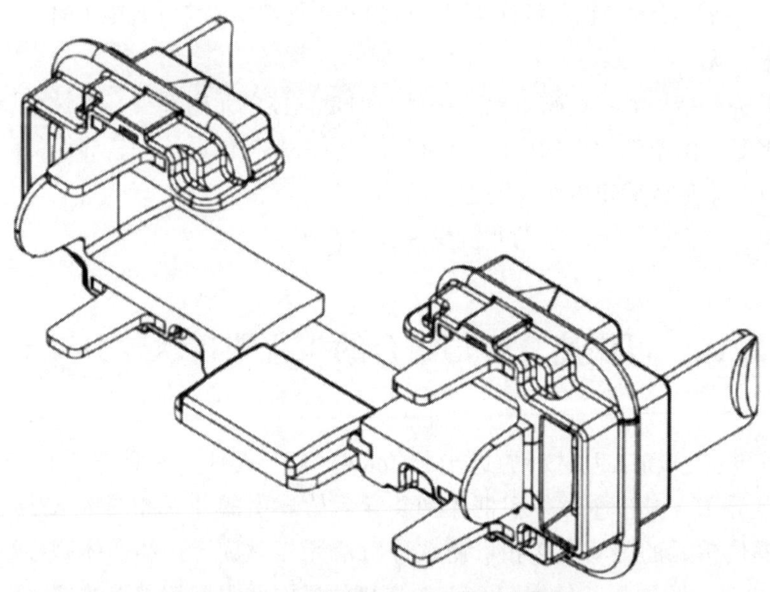

图 7－59 装配后的工程塑料软导引

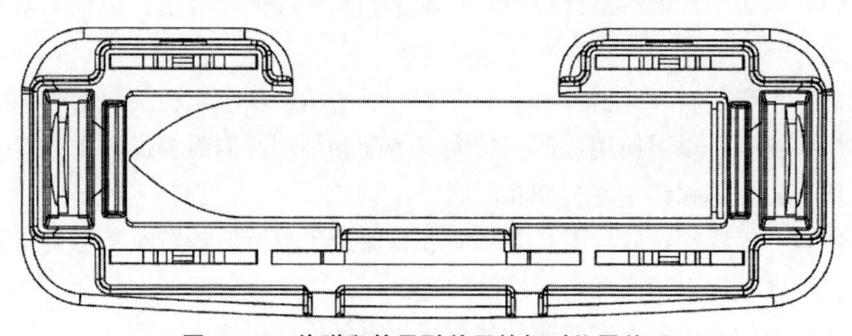

图 7－60 炮弹和软导引单元的相对位置关系

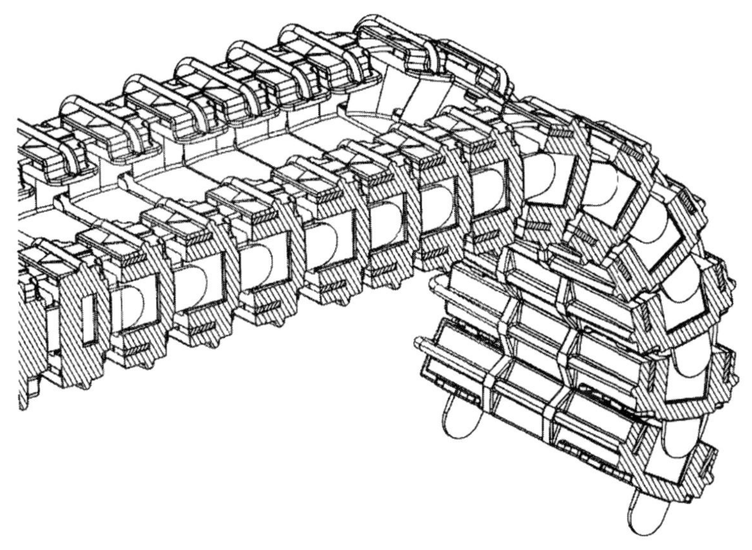

图 7－61　软导引的卷曲状态

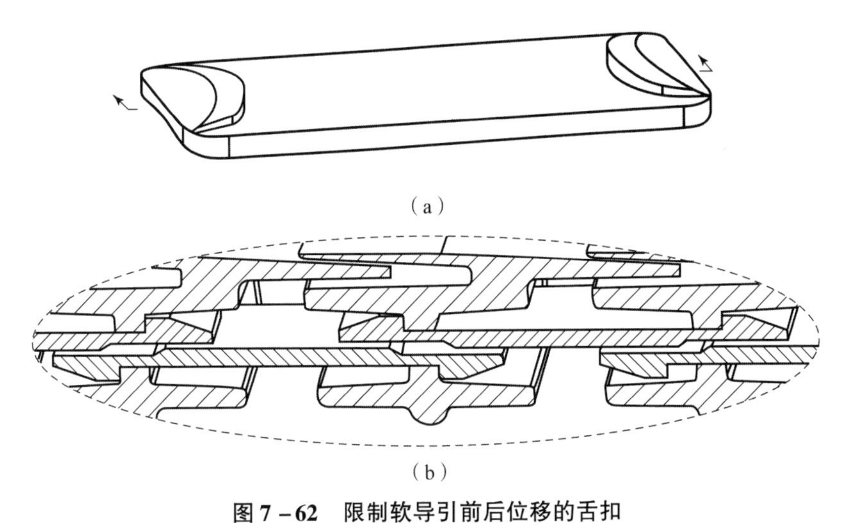

图 7－62　限制软导引前后位移的舌扣

（a）软导引中的舌扣；（b）软导引中的舌扣互锁

参考文献

[1] STANTON A J, ANDERSON D F, TAYLOR R E. Loader and magazine mechanism: US3170372 (A)[P]. 1965 -02 -23.

[2] SAMUEL A, WINDSTRUP R F. Ammunition feeder and booster: US3370506 (A)[P]. 1968 -02 -27.

[3] GOLDEN M D. Transport mechanism: US4412611 (A)[P]. 1983 -11 -01.

[4] BACON L D, GOLDEN M D. Linear linkless ammunition magazine: US4424735 (A)[P]. 1984 -01 -10.

[5] ALOI A J. Handling system for merging ammunition rounds from multiple ammunition bays to feed a rapid -fire gun: US5094142 (A)[P]. 1992 -03 -10.

[6] BENDER -ZANONI J F, COOK JR H T, COZZY T W, et al. Modular ammunition packaging and feed system: US4982650 (A)[P]. 1991 -01 -08.

[7] STONER E M. Linkless ammunition magazine with shell buffer: US4573395 (A)[P]. 1986 -03 -04.

[8] BUCHSTALLER M, MOESSMER F. Feeding ammunition: US5107750 (A)[P]. 1992 -04 -28.

[9] MULLER K, BOHLER E, DUNKI J. Apparatus for the infeed of cartridges to a firing weapon: US5115713 (A)[P]. 1992 -05 -26.

[10] MUELLER K, BOHLER E, RUPPEN B, et al. Apparatus for infeeding cartridges: US5115714 (A)[P]. 1992 -05 -26.

[11] HAGEN R L, BALDWIN W C, THOMPSON W W. Opposed round parallel path single bay ammunition feed system: US5149909 (A)[P]. 1992 -09 -22.

[12] MULLER K. Apparatus for infeeding cartridges of two different types of ammunition to a

gatling - type gun: US5271310 (A)[P]. 1993 - 12 - 21.
[13] BENDER - ZANONI J F. Ammunition magazine drive system: US5440964 (A)[P]. 1995 - 08 - 15.
[14] BECKMANN R, SCHUMACHER M. Ammunition magazine for beltless fed ammunition: US6405629 (B1)[P]. 2002 - 06 - 18.
[15] NILSSON A, TRULSSON P, PALMLÖV U. Management system and method for sorting mixed ammunition types: US9841247 (B2)[P]. 2016 - 12 - 22.
[16] WETZEL L K, PROULX E A. Ammunition handling system: US4166408 (A)[P]. 1979 - 09 - 04.
[17] IGNACEK J F. Ammunition magazine: US4503750 (A)[P]. 1985 - 03 - 12.
[18] MOSLE E. Magazine container for automatic fire arms: US3045553 (A)[P]. 1962 - 07 - 24.
[19] COZZI T W, TASSIE D P, PATENAUDE R A. Article handling system: US3881395 (A)[P]. 1975 - 05 - 06.
[20] KENNEDY M G. Ammunition feed mechanism: US5929366 (A)[P]. 1999 - 07 - 27.
[21] GOLDEN M D. Transfer unit: US4572351 (A)[P]. 1986 - 02 - 25.
[22] VOILLOT H. Apparatus for conveying cylindrical objects such as ammunition: US4434701 (A)[P]. 1984 - 03 - 06.
[23] THERON C D, HOLSCHER J F. Ammunition feeding system: WO2004025209 (A1)[P]. 2004 - 03 - 25.
[24] PANICCI E W, CLARK H C. Combined continuous linkless supplier and cartridge feed mechanism for automatic guns: US2993415 (A)[P]. 1961 - 07 - 25.
[25] DIX J, CAMPBELL N, TONSETH JR I S. Structure for article handling systems: US4004490 (A)[P]. 1977 - 01 - 25.
[26] KIRKPATRICK R G. Structure for article handling systems: US4005633 (A)[P]. 1977 - 02 - 01.
[27] HOUGLAND R, HOUGHLAND R. Ammunition handling system: US3800658 (A)[P]. 1974 - 04 - 02.
[28] FOLSOM L, GARDY V, DONOVAN G. Ammunition handling system: US3766823 (A)[P]. 1973 - 10 - 23.
[29] DIX J. Transport mechanism for ammunition: US4492144 (A)[P]. 1985 - 01 - 08.
[30] MEYER E A. Rotary differential ammunition reservoir: US3974738 (A)[P]. 1976 - 08 - 17.
[31] SWANN L J, WEDERTZ L D, GOLDEN M D. Accumulating rotary transfer unit: US5442991 (A)[P]. 1995 - 08 - 22.
[32] DARNALL L N. Suspended loop ammunition magazine: US4433609 (A)[P]. 1984 - 02 - 28.

[33] SCHAULIN J – M, GANTIN R, KANAT Y. Marine firing weapon for fighting airborne targets, especially in zenith: US4674393 (A)[P]. 1987 – 06 – 23.

[34] FISCHER P. Ammunition container, especially drum magazine: US4445419 (A)[P]. 1984 – 05 – 01.

[35] TASSIE D P. Ammunition storage system: US5111729 (A)[P]. 1992 – 05 – 12.

[36] STRASSER F – W, ERTL P, POLLACK H – J. Turret for a wheel – mounted or tracked vehicle: US5684265 (A)[P]. 1997 – 11 – 04.

[37] CHACHAMIAN S, HAMISH R. Belt/metallic link chain loaded ammunition feeder in a remote controlled weapon station: US10132581 (B2)[P]. 2015 – 06 – 04.

[38] ELLINGTON T W, CARTER E V. Chuting assembly for ammunition magazine feed: US5782157 (A)[P]. 1998 – 07 – 21.

[39] DAVIS R W. Gun feed mechanism: US2815699 (A)[P]. 1957 – 12 – 10.

[40] FAISANDIER J. Ammunition drum and turret for automatic weapons: US3687004 (A)[P]. 1972 – 08 – 29.

[41] KAUSTRATER G. Ammunition container: US4438676 (A)[P]. 1984 – 03 – 27.

[42] DAVISON J L, SERKLAND M D, O'HARA J, et al. Low ammunition warning switch: US9435594 (B2)[P]. 2016 – 03 – 17.

[43] BACKUS L F, LAURENT R P, TITEMORE R G. Ammunition bulk loader: US3696704 (A)[P]. 1972 – 10 – 10.

[44] POLLOCK S F. Portable ammunition handling and loading system: US4509401 (A)[P]. 1985 – 04 – 09.

[45] YANUSKO D P, MCMILLAN H C, KLINE E G. Linkless ammunition transporter: US4882971 (A)[P]. 1989 – 11 – 28.

[46] YANUSKO D P, GEIGER JR R. Round – orienting replenisher for ammunition storage and transport system: US4881447 (A)[P]. 1989 – 11 – 21.

[47] KAZANJY R P. Ammunition handling system and method: US4506588 (A)[P]. 1985 – 03 – 26.

[48] CHRISTENSON J R. T – direction ammunition transfer mechanism: US3618454 (A)[P]. 1971 – 11 – 09.

[49] YU D. Universal self – timing ammunition loader: US5109725 (A)[P]. 1992 – 05 – 05.

[50] TESTA R, MERA M M, BURGERMEISTER W, et al. Automatically – reloadable, remotely – operated weapon system having an externally – powered firearm: US8336442 (B2)[P]. 2012 – 06 – 21.

[51] KAUSTRATER G. Assembly for feeding ammunition in armored vehicle: US4662264 (A)[P]. 1987 – 05 – 05.

[52] KAUSTRATER G. Device for feeding shell ammunition within an armored vehicle: US4593600 (A)[P]. 1986 – 06 – 10.

[53] CHACHAMIAN S, BERKOVICH E, KATZ N. System and a method for protected reloading of a remote controlled weapon station: US9285177 (B1)[P]. 2016-03-03.
[54] KIRKPATRICK R G. Constant velocity conveyor mechanism: US3429221 (A)[P]. 1969-02-25.
[55] DILLER A, KRAUS J. Modular, adaptable ballistic protective construction in particular for a weapons turret: US8297170 (B2)[P]. 2009-05-07.
[56] RICHEY E D. Jointed conveyor: US4542819 (A)[P]. 1985-09-24.
[57] WASHBURN W J, LAFEVER C E, THOMPSON H B. Termination accumulator: US4253376 (A)[P]. 1981-03-03.
[58] BALDWIN W C. Linkless ammunition gun transfer unit: US4781100 (A)[P]. 1988-11-01.
[59] BREDIN B. Device for feeding channel for ammunition for automatic gun: US4238989 (A)[P]. 1980-12-16.
[60] GOLDEN M D. Crossfeeder: US4344350 (A)[P]. 1982-08-17.
[61] PEARSON C B, SANDSTROM G R. Flexible feed chute: US2477264 (A)[P]. 1949-07-26.
[62] FALLON R D, ELLIOTT H E, LOEHR L K. Links for fabricating flexible ammunition chutes: US2819780 (A)[P]. 1958-01-14.
[63] FOSSEN R A V. Flexible conveyer chute: US2838154 (A)[P]. 1958-06-10.
[64] NOBLES W H. Ammunition chute: US2866531 (A)[P]. 1958-12-30.
[65] AUMANN M D. Flexible conveyer chute: US2890779 (A)[P]. 1959-06-16.
[66] WEST W F. Article conveying chute: US3563357 (A)[P]. 1971-02-16.
[67] JENNY E. Ammunition channel: US4416184 (A)[P]. 1983-11-22.
[68] SCHMID S, RIEDLINGER H. Disc-type ammunition channel for feeding ammunition from a stationary channel to a firing weapon: US4669355 (A)[P]. 1987-06-02.
[69] BREMER C, MENGES H. Cartridge belt guiding mechanism in an automatic weapon, the elevation of which is adjustable: US4338851 (A)[P]. 1982-07-13.
[70] ARMSTRONG G C. Ammunition feeder chute: US5471904 (A)[P]. 1995-12-05.
[71] HOWELL F A, KIGER J A. Modular ammunition feed chute: US8752466 (B1)[P]. 2014-06-17.